한빛비즈 코리딩 클럽(Co-Reading Club)은 출간 전 원고를 '함께 읽고' 출간 과정을 함께하는 활동입니다.
이번 코리딩 클럽 멤버들은 이 책을 먼저 읽고 편집과 디자인과 마케팅에 많은 아이디어를 주었습니다. 코리딩 클럽 1호 멤버 여러분의 아낌없는 도움에 감사의 마음을 전하며, 《과학의 위로》에 남긴 그분들의 소감을 소개합니다.

과학이라는 세계는 우리 인생과도 연관되어 있다. 인생이 답이 없이 막막하다고 생각되는 분에게 추천하고 싶다.

- 김지연

수학, 과학이 이렇게 쉽고 명료한 재미가 있는 거였어!! 너무 재미있었어요.

- 노은숙

저 같은 문과인들에게 과학과 수학의 세계가 딴 나라 이야기가 아닌 우리 일상이었음을♡ 쉽고 따뜻하게 깊이 생각하면서 읽을 수 있어요.

- 러블리윤지

학교를 졸업하면 수학이나 과학 같은 건 쓸모없다고 생각했는데, 40대 중반에 다시 보니 수학·과학이야말로 인생에 쓸모 있음을 깨닫게 됐다. 수학의 쓸모, 과학의 쓸모, 40대 중반에 발견하다, 마침내!

- 박모건

과학을 좋아하는 사람들, 과학 덕후에게 추천하고 싶은 책.

- 신경재

이과적 사고에 감성 한 스푼! 이과생인 나에게 익숙한 이야기들이 가득했다. 추억을 헤이며 이과적 사고에 가득 빠져드는 순간 감성이, 우리 인생이 한 스푼 들어왔다.

- 여선희

프롤로그에 나온 "모든 앎은 이어져 있으며 나와 여러분도 서로 이어져 있다"라는 문장이 너무 인상적입니다.

- 이재능

어렵기만 한 줄 알았던 과학이 이렇게나 쏙쏙… 과학이 참 쉽게 쓰일 수도 있구나.

- 異之我…또 다른 나

내 인생에 정체감을 느꼈을 때 읽어보면 과학적인 위로가 되는 책. 과학과 수학을 인생에 빗댄, 이런 이야기가 좋아요.

- 쥰노

연령대에 크게 상관없이 추천하고 싶어요. 생각하게 하는 내용이 많아서요.

- 하희목

이 책을 보기 전 물리는 '넌 나에게 모욕감을 줬어'라면, 이 책을 읽은 후 '물리~ 함께해요'이다.

- 후엠아이

과학의 위로

과학의 위로

초판 1쇄 발행 2023년 4월 10일

지은이 이강룡

펴낸이 조기흠
책임편집 이수동 / **기획편집** 최진, 김혜성, 박소현
마케팅 정재훈, 박태규, 김선영, 홍태형, 임은희, 김예인 / **제작** 박성우, 김정우
교정교열 정정희 / **디자인** 리처드파커 이미지윅스

펴낸곳 한빛비즈(주) / **주소** 서울시 서대문구 연희로2길 62 4층
전화 02-325-5506 / **팩스** 02-326-1566
등록 2008년 1월 14일 제 25100-2017-000062호

ISBN 979-11-5784-654-2 03400

이 책에 대한 의견이나 오탈자 및 잘못된 내용에 대한 수정 정보는 한빛비즈의 홈페이지나
이메일(hanbitbiz@hanbit.co.kr)로 알려주십시오. 잘못된 책은 구입하신 서점에서 교환해드립니다.
책값은 뒤표지에 표시되어 있습니다.

⌂ hanbitbiz.com ⨍ facebook.com/hanbitbiz Ⓝ post.naver.com/hanbit_biz
▶ youtube.com/한빛비즈 ⓞ instagram.com/hanbitbiz

지금 하지 않으면 할 수 없는 일이 있습니다.
책으로 펴내고 싶은 아이디어나 원고를 메일(hanbitbiz@hanbit.co.kr)로 보내주세요.
한빛비즈는 여러분의 소중한 경험과 지식을 기다리고 있습니다.

답답한 인생의 방정식이
선명히 풀리는 시간

과학의 위로

이강룡
지음

HB한빛비즈
Hanbit Biz, Inc.

앤드루 와일스의 용기

초등학생이던 영국 소년 앤드루는 학교 수업을 마치고 집에 돌아오는 길에 동네 도서관에 들르는 것을 좋아했다. 한번은 수학의 미스터리를 다룬 책을 우연히 읽게 됐는데, 얼핏 보면 참 단순하지만 300년 동안 아직 아무도 풀지 못한 어려운 수학 문제가 있다고 소개돼 있었다.

피타고라스 정리는 직각삼각형에서 나머지 두 변의 길이를 각각 제곱해서 더한 값이 빗변 길이의 제곱과 같다는 공식이다.

$$a^2 + b^2 = c^2$$

프랑스 수학자 페르마는 피타고라스 정리를 조금 더 확장해보았다. 제곱이 들어갈 자리에 3제곱, 4제곱…… 이렇게 계속 제곱수를 늘리는 경우에도 등식이 성립하는 경우가 있는지 따져본 것이다. 언뜻 봐서는 없을 듯하지만 모든 수에 다 적용해보았을 때는 있을지도 모른다. 페르마는 답을 찾았던 것 같다. 그는 고대 수학자인 디오판토스가 지은《산술》이라는 책을 늘 곁에 두고 읽었는데, 이 책 여백에 이런 메모를 남겼다. "경이로운 방법으로 이 문제를 마침내 증명했다. 그렇지만 여백이 좁아서 여기에는 적지 않는다."

안타깝게도 페르마의 증명법은 어느 곳에서도 끝내 발견되지 않았다. 그의 평소 인품을 미루어보건대 허튼소리를 할 사람이 아니기에, 후대의 수학자들은 페르마가 분명히 증명을 했다고 굳게 믿었다. 그리고 증명법을 찾아내기 위해 수많은 노력을 쏟았다. 하지만 수백 년간 아무도 그 방법을 찾아내지 못했고 결국 '인류의 미스터리'로 남았다. 도서관에서 이 이야기를 읽은 소년 앤드루의 첫 반응은 어땠을까? '재미있겠다, 내가 풀어야지!'

소년 앤드루는 어른이 돼서도 이 꿈을 한시도 잊은 적이 없었다. 수학과에 입학하고, 대학원생이 되고도 그 문제를 반드시 풀겠다는 목표만큼은 늘 가슴속에 품고 있었다. 지도교수도 그 사실을 알았다. 하지만 제자 앤드루의 장래를 염려하는 마음에, 막막한 그 문제는 잠시 접어두고 요즘 각광받는 분야인 '타원방정식'을 연구하면 좋겠다고 권한다. 성실한 학생인 앤드루는 선생님의 충고대로 그때부터 타원방정식 연구에 매진했고 그 분야 최고 전문가로 성장했다. 그러던 어느 날 문득, 어릴 적부터 꿈꿔왔던 300년 묵은 수학 난제 해결의 열쇠가 타원방정식 안에 있다는 사실을 깨달았다. 얼마나 놀라웠을까. 자기 앞에 놓인 일에 최선을 다하는 자에게 주어지는 드문 행운일 것이다. 이제 앤드루는 다른 연구들을 잠시 접고 일생일대의 문제를 풀기 위해 모든 에너지를 쏟는다. 7년 동안 깊이 몰두하고 열심히 노력한 끝에, 인류 최대의 수학 난제였던 '페르마의 마지막 정리'를 증명하고야 만다.

전 세계 언론 매체의 헤드라인에 이 성취가 보도되었고, 수학자 앤드루 와일스는 일약 세계 유명인사가 되었다. 앤드루 와일스는 어릴 적 품었던 꿈을 마침내 이루었다. 그렇지만 커다란 영광 뒤에 가혹한 시련이 찾아온다. 증명 방법에 심각한 오류가 발견된 것이다. 전 세계가 환호하고 열광한 직후에 와일스에게 찾아온 심적 고통이 어떠했을지 짐작조차 하기 어렵다.

그러나 인간 앤드루 와일스의 위대한 여정이 아직 남아 있었다. 그의 위대함은 수학적 성취뿐만 아니라 인생의 커다란 좌절 뒤에도 포기하지 않고 더 큰 노력으로 어려움을 끝내 이겨냈다는 점에 있다. 앤드루 와일스는 모진 실패를 겪었지만 희망과 용기까지 잃지는 않았다. 마음을 추스리고 고통을 극복해가며 계속 매진한 끝에 결국 모든 문제점들을 해결하고 증명을 완수하였다. 한 인간으로서도 빛나는 성취이기에 깊은 감명을 받았다.

뭔가에 실패하거나, 나태와 무력감에 빠질 때면 나는 사이먼 싱이 지은 《페르마의 마지막 정리》를 읽거나, 저자 사이먼 싱이 직접 연출까지 맡은 BBC 다큐멘터리를 찾아본다. 삶의 난관을 헤쳐나가는 앤드루의 태도를 보며 희망과 용기를 얻는다. 300년 난제를 해결했을 때 들려왔던 전 세계의 환호가 이내 세계적인 실망으로 바뀌었을 때 앤드루 와일스를 지탱해준 것은 과연 무엇이었을까? '재미있겠다, 내가 풀어야지!' 하는 어린 시절 앤드루의 순수한 호기심과, 오래도록 가슴속에 품어왔던 간절한 꿈이 아니었을까.

시험에서 좋은 점수를 받으려고, 좋은 직장에 취업하려고 하는 그런 공부가 아닌, 순수한 지적 호기심에서 시작하는 재미있는 과학 공부를 해보고 싶었다. 앤드루 와일스의 다큐를 보며, 수학이라는 학문의 경이로움과 순수한 아름다움을 엿보았다. 그리고 수학이라는 언어를 사용하는 자연과학이라는 드넓은 세계를 호기심 어린 소년의 눈으로 바라보게 되었다. 30년 전 초등학생이던 꼬마의 마음으로 말이다. 중년에 접어든 나는 그동안 쌓은 경험과 지식을 바탕으로, 지금까지 겪었던 일들과 공부했던 것들이 따로 떨어진 것이 아닌 서로 연결된 것임을 알게 되었다. 수학과 물리학이 서로 연결돼 있다는 것을 알게 되었고, 물리학은 화학과, 화학은 생물학과, 생물학은 뇌과학이나 심리학과, 심리학은 인문학과, 인문학은 우리의 사고 활동, 우리의 삶과 깊이 연관된다는 점을 깨달았다. 모든 앎은 이어져 있으며 나와 여러분도 서로 이어져 있다. 그 지적인 여정을 시작하고자 한다. 우리의 마음이 서로 닿았으면 좋겠다.

2장 : 시간과 공간

3장 : 과학과 수학

4장 : 우주와 인간

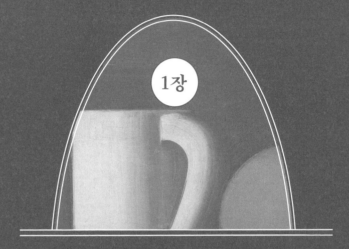

1장

빛과 입자

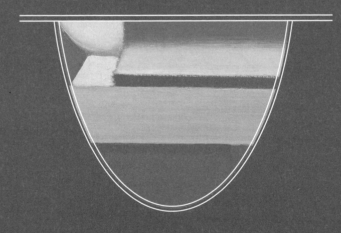

무한과 유한

앎이란 이미 아는 것으로 아직 모르는 것을 알아내는 지혜

2002년 개봉한 〈마지막 수업〉이라는 프랑스 영화가 있다. 한국어 제목이 알퐁스 도데의 소설을 떠올리게 하는데 원제는 〈존재와 소유Être et avoir〉(영어 제목은 To be and to have)다. 초등학교 선생님이 어린 학생에게 가장 큰 수를 말해보라고 해놓고, 학생이 어떤 수를 대답하자 거기에 1을 더해보라고 되묻는 장면이 나온다. 어린 학생은 깜짝 놀란다. 우리가 아는 무지무지하게 큰 수에는 항상 그보다 하나 더 큰 수가 존재할 것이다.

셰익스피어의 드라마 〈말괄량이 길들이기〉에는 "영원에 하루를 더한 만큼의 작별······"이라는 대사가 나온다. 영원이면 이미 무한한 시간인데 여기에 하루를 더하면 더 긴 무한이 되는 걸까? 무척

문학적인 표현인데 이것을 수학적으로도 표현할 수 있을까? 셰익스피어의 다른 드라마인 〈로미오와 줄리엣〉에는 "장미는 어떤 이름으로 불리든 여전히 향기로울 것"이라는 대사가 나온다. 장미는 로즈라고 불리든, 로제라고 불리든, 바라라고 불리든 모두 장미다. 이름은 이름일 뿐이다.

1, 2, 3, 4, 5······ 이렇게 무한히 이어지는 수들이 있다. 자연수라고 부르기도 한다.

2, 4, 6, 8, 10······ 이렇게 무한히 이어지는 수들도 있다. 짝수라고 부르기도 한다.

이 두 집합 중에 더 큰 것은 무엇일까? 1, 2, 3, 4······에 각각 2를 곱한 것이 2, 4, 6, 8······이니 얼핏 앞의 집합보다 뒤의 집합이 2배 큰 것처럼 보인다. 관점을 달리하면 뒤엣것은 짝수인데, 짝수와 홀수를 합쳐야 앞엣것인 자연수가 되니까 자연수 집합이 2배 큰 것처럼 보이기도 한다. 그렇지만 실제 두 집합의 크기는 정확히 같다. 자연수의 1, 2, 3, 4, 5······라는 이름들이 2, 4, 6, 8, 10······이라는 짝수 이름으로 명찰만 바꿔 달았을 뿐이지, 수의 총량이나 빽빽한 정도에는 변함이 없다.

수학자들은 명칭을 중요하게 여기지 않는다. 1이라는 숫자에 2

라는 새 이름을 주고, 2라는 숫자에 4라는 새 이름을 주는 방식으로 기존 이름들을 모두 바꾸면 1, 2, 3, 4, 5……라는 숫자들은 2, 4, 6, 8, 10……이 된다. 완전히 똑같아진다. 빽빽함의 정도, 즉 집합의 밀도가 동일하다면 같은 집합이라고 봐도 된다는 점을 독일 수학자 게오르크 칸토어(1845~1918)가 발견했다. 무한을 세고 무한 끼리 비교하는 방법을 처음으로 고안한 것이다. 무한한 것은 셀 수 없다고만 여겼는데, 셀 수 있는 무한이 있음을 밝히다니 참으로 신기하고도 멋지다.

아킬레우스와 거북의 경주 이야기를 들어보았을 것이다. 고대 그리스의 철학자 제논이 제기했던 역설이다. 아킬레우스는 발 빠르고 용맹한 것으로 유명했던 장수다. 그런데 제아무리 발 빠른 아킬레우스라 해도, 거북이 저 앞에서 먼저 출발한다면 아무리 따라 잡으려 해도 따라잡을 수 없다는 괴이한 주장이 제논의 생각이다. 아킬레우스가 따라가면 거북은 아주 조금 더 앞에 가 있고, 또 따라 잡으려 하면 아주 조금 더 앞에 가 있을 것이며, 이 간격이 무한히 작아지긴 하겠지만 계속 영원히 이어질 것이기에, 거북은 항상 아킬레우스 앞에 있게 된다고 주장했다.

실제로 뛰어보면 맞지 않음이 금세 판명될 이런 어처구니없는 역설을 제논은 왜 주장했던 것일까. 눈에 보이는 공간에서 일어나는 현상을 넘어서는 초월적인 세계를 바라보려고 했던 것일까. 개념적인 사고로는 납득하기 어려운 모순이 발생하는 논리 관계를 역설이라고 하는데, 제논의 역설은 수학자들이 무한급수 개념을 정립한 다음에는 더 이상 역설이 아닌 것이 됐다. 즉, 그냥 틀린 말이 됐다. 한번 역설이라고 해서 영원히 역설인 것은 아니다.

수치를 대입하여 다시 살펴보자. 거북과 아킬레우스(거북보다 10배 빠르다고 하자)가 100미터 경주를 할 때, 아킬레우스는 출발선에서 출발하고 거북은 출발선보다 10미터 앞에서 동시에 출발한다. 거북의 위치는 10미터 + 1미터 + 1/10미터 + 1/100미터 + 1/1000미터 + …… 이렇게 규칙적으로 증가하는데 결국 한 지점으로 수렴된다. 정확히 11과 1/9 지점에서 아킬레우스에게 따라잡힌다.

무한급수란 무한히 더해지는 수를 일컫는데, 무한 속에서 규칙성을 찾아낼 수 있다면 그런 무한은 유한의 다른 모습이 된다. 그러니까 그동안 우리가 무한한 것이라고 여겼던 것이 실은 우리가 미처 몰라서 그렇게 느껴졌던 것인 셈이다. 칸토어 덕분에 사람들은 무한한 것이라도 다 똑같은 무한이 아니고, 유한한 것처럼 셀 수 있는 종류도 있다는 것을 알게 되었다. 가령 0.999⋯⋯ 이렇게 끝없이 반복되는 수가 있다면 그것은 유한한 수인 1의 다른 모습이다. 어떤 수를 3으로 나눈 다음 다시 3을 곱하면 원래 수가 될 것이다. 1을 3으로 나눈 다음 다시 3을 곱해보라. 그러면 1과 0.999⋯⋯가 구별할 수 없는 동일한 수 개념이라는 것을 알 수 있다.

1이라는 수가 있다. 1에다가 1의 반인 1/2을 더하고, 반의반인 1/4을 다시 더하고, 다시 1/8을 더하고 다시 1/16을 더하고⋯⋯ 이렇게 무한히 더한다고 해보자. 그러면 결과도 무한한 값이 나올까? 1 + 1/2 + 1/4 + 1/8 + 1/16⋯⋯의 계산값은 신기하게도 2라는 딱 떨어지는 유한값이 된다.

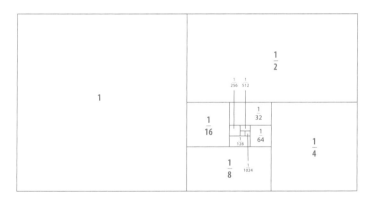

왼쪽 정사각형의 넓이와, 무한히 반으로 쪼갠 오른쪽 사각형들 넓이의 합은 같다.

가로세로 길이가 1m이고 넓이가 1m²인 정사각형 두 개를 나란히 붙여놓는다. 오른쪽 정사각형을 가로로 2등분한다. 그러면 가로가 1m이고 세로는 1/2m인 직사각형들로 나뉜다. 이 직사각형들 중에 아래쪽 것을 세로로 나눈다. 그러면 가로세로가 1/2m이고 넓이는 1/4m²인 정사각형 두 개가 다시 만들어진다. 이런 식으로 사각형들을 둘로 나누면 더 작은 사각형들이 생기면서 여백이 채워질 것이다. 이를 무한히 반복하면 빈 공간이 점점 사라지면서, 결국 왼쪽 커다란 정사각형과 오른쪽 사각형들 조각 모음은 넓이가 같아진다. 즉, 무한히 쪼개진 사각형들을 모두 합친 값이 1m²가 된다.

무한하다고 여겨졌다가 유한한 것으로 밝혀진 것 중에 가장 드라마틱한 것은 빛의 속력일 것이다. 고대부터 빛은 신의 속성을 대변하는 존재였다. 따라서 오랜 세월 동안 사람들은 빛의 속성이 절대적이며 무한하다고 여겼으며 빛의 속력도 당연히 무한대일 것이라고 믿었다. 즉, 우주 어디서든 빛은 신처럼 나타나는 '즉시' 어디로든 퍼져나간다. 신의 다른 모습인 태양의 빛은 우리 눈에 즉시 도달한다. 실제로는 8분 정도 걸리지만 고대인들은 빛의 속력에 상한선이 있다는 점을 믿지 않았고, 아예 생각조차 해보지 않았을 것이다. 고대인들에게 태양빛은 태양의 존재 즉시 우리 눈에 비치는 것이었다.

갈릴레오 갈릴레이(1564~1642)에 이르러 사고의 전환이 이루어진다. 갈릴레이는 빛도 일정한 속력을 지닌 유한한 현상일 거라고 가정하고 그 속력을 직접 측정해보려고 시도했다. 그렇지만 멀리 떨어진 두 산등성이에서 각각 거울에 비친 등불로 실험하는 것으로 해결할 수 있는 문제가 아니었다. 달빛이 지구까지 오는 데 1초가 걸린다. 그러니까 갈릴레이가 조수를 달나라에 보낸 다음 실험을 해야 '반-짝-' 하고 1초 정도 간격이 측정될 수 있다. 달은 지구 지름의 30배 정도 되는 거리만큼 떨어져 있다. 1초에 지구에서 달까지 가는 빛의 속력을 고려하건대 지상에서 빛의 속력을 측정하는 건 너무나 어려운 일이었을 것이다.

자연과학자들 사이에서 빛의 속력이 유한할지도 모른다는 공감대가 생기기 시작했는데, 덴마크 출신 천문학자 올라우스 뢰메르(1644~1710)가 드디어 의미 있는 성과를 거두었다. 절묘하게도 그 위대한 실험은 갈릴레이의 성과 중 하나에서 시작되었다. 목성의 위성들 중에서 이오는 갈릴레이가 발견한 위성으로서 가장 안쪽 궤도를 돌고 공전 주기가 짧아서 관찰하기 좋은데, 뢰메르가 이 이오 위성을 잘 관찰하여 과학사의 중요한 이정표를 세우게 된다.

생물학 유전 실험에 초파리를 활용하는 이유 중 하나가 생명 주기가 짧아서인 것처럼, 공전 주기가 짧으면 규칙적 현상을 발견할 기회가 더 많아진다. 이오가 목성을 돌면서 목성 뒤로 사라졌다가 앞으로 다시 나오는 간격, 즉 공전 주기가 항상 일정한 게 아니라는 점에 뢰메르는 의문을 품었다. 공전에 걸리는 시간은 들쭉날쭉했고 최대 6분 정도 차이가 났다. 뢰메르는 이렇게 추정했다. 이오의 공전 궤도 자체가 늘어났다가 줄어들었다가 하는 것은 아닐 것이다. 다만 목성과 지구의 사이가 가까워질 때는 태양빛이 이오에 반사돼서 지구까지 오는 거리가 짧아지고, 목성과 지구 사이가 멀어질 때는 태양빛이 이오에 반사돼서 지구까지 오는 거리가 길어지니까, 그 둘의 공전 주기는 다르게 측정될 것이다. 올바른 추론이었다. 빛의 속력은 일정한데 빛이 이동한 거리만 차이가 난다면, 이오에 비친 태양빛이 지구까지 도달하는 시간은 둘 사이의 거리에 따라 달라진다. 뢰메르가 측정한 빛의 속력은 우리가 아는 빛의 속력값에 비해 오차가 꽤 있지만, 무한을 유한으로 전환하여 거둔 위대한 성과라는 점은 의심할 여지가 없다. 불가능하다고 여겼던 문제를 가능의 차원으로 끌어들였기 때문이다.

프랑스 과학자 이폴리트 피조(1819~1896)는 갈릴레이가 지상에서 하고자 했던 그 일을 다른 방법을 사용하여 성공시켰다. 회전하는 톱니바퀴와 거울을 이용해 지상에서 빛의 속력을 측정했다. 회전하는 톱니바퀴 톱니 틈새로 빛을 쏘았을 때, 수 킬로미터 떨어진 곳에 설치된 거울에 빛이 반사되는데 빛은 너무너무 빠르기 때문에 톱니바퀴 눈금이 채 한 칸도 넘어가기 전에 원래 지나갔던 톱니 틈새로 금세 다시 돌아왔다. 이제 기계 장치로 톱니바퀴를 더 빠르게 회전시킨다. 얼마나 빨리 회전시켜야 첫 톱니의 다음 마디가 돌아오는 빛을 막아낼 수 있을까. 그렇게 회전수를 높여가다가 드디어 빛이 막히는 순간이 왔다. 톱니 720개가 초당 12.6회 회전할 때였는데 왕복 17킬로미터 이동거리를 종합하여 계산하면 초속 31.3만 킬로미터라는 실제 값에 육박하는 정확도 높은 속력이 나온다. 이제 빛은 누가 보아도 유한한 것으로 입증되었고, 측정값의 정확도를 더 높이는 일만 남게 되었다.

마차에서 증기기관으로 혁신과 도약이 일어난 다음에는, 증기기관 열차에서 엔진을 개량해 고속열차로 발전시키는 일이 차근차근 진행된다. 증기기관처럼 전에 없던 새로운 판을 짜는 일을 과학에서는 패러다임 전환이라고 부른다. 2, 3, 5, 7, 11, 13, 17, 19……이렇게 1과 자신만으로 나누어지는 수를 소수素數, prime number라고 한다. 소수점으로 표기되는 그 소수小數와 구별하려고 〔소쑤〕라고 힘을 주어 발음한다. '소쑤'가 전개되는 규칙을 찾기 위해 그 유명한 레온하르트 오일러, 카를 프리드리히 가우스를 비롯해 수많은 수학자들이 오랜 세월 동안 매달렸지만 찾지 못했다. 그러다가 돌파구가 마련되었는데, 수학자 베른하르트 리만이 '소수에 규칙이 있을까?' 하는 기존의 문제를 파고들어, '제타함수의 비자명한 제로점은 일직선에만 존재하는가?' 하는 구체적인 수학 문제로 바꾸어놓았다. 제타함수, 비자명, 제로점…… 같은 딱딱한 개념어들이 나왔는데, 간략히 이해하자면 소수의 규칙이 일직선상에 표시되는 그래프로 표현 가능하다는 가설이다. 수학자들이 어느 곳으로 가야 할지 갈피를 찾지 못했을 때, 리만은 가야 할 방향을 명확히 제시했다. 이제 모두 리만 제타함수 검증에 집중하면 된다. 그러면 무한으로만 여겨졌던 거대한 소수의 신비가 유한한 우리 수학 체계 안에서 풀릴 수도 있을 것이다.

해결해야 할 문제가 세팅되면 그다음부터는 일사천리로 진행될 수 있다. 우리 인생도 그렇다. 해결해야 할 문제를 정확히 파악하고 나면 해결의 실마리를 찾기도 쉬워진다. 뭘 해야 할지 도무지 갈피를 잡지 못할 때 괴로운 법이다. 가령 신세를 진 고마운 사람에게 선물을 해주고 싶을 때 고민거리는 예산이라기보다 아이템 선정이다. 기꺼이 사주고 싶어도 뭘 사주어야 할지 갈피가 잡히지 않을 때 괴로운 법이다. 돈을 쓰려고 해도 말이다. 뭘 사면 좋을까 하는 고민에 휩싸여 있다가, 그분이 소고기를 좋아하신다는 첩보를 입수했다면, 즉 어느 부위가 좋을까 하는 구체적인 문제로 방향을 전환했다면 엄청난 도약을 이룬 셈이다. 자, 이제 됐다! 좋은 고기를 고르기만 하면 된다. 과연 그럴까, 인간은 참으로 복잡미묘한 존재다. 금세 새로운 고민이 생긴다. 마음 같아선 꽃등심을 사고 싶은데 너무 비싸서 선뜻 살 마음이 안 드네…….

무한처럼 여겨지는 막연한 문제를 구체적인 유한한 문제로 전환하는 것은 처세 측면에서 보아도 아주 중요하고도 유용한 기술이다. 끝이 보이지 않을 듯한 커다란 고민도 사고를 전환하면 유한한 문제로 바뀐다. 해도 해도 끝이 안 보이는 일, 아무리 노력해도 진전이 없어 보이는 일, 그리고 여러 복잡한 문제들이 뒤엉켜 골치가 아프고 고민에 빠졌을 때, 그냥 모두 때려치우고 잠수를 타고 싶어도…… 그러면 안 되고 어떻게든 문제를 해결해보려고 애써야 한다. 먼저 문제를 구체화하여 쪼개볼 필요가 있다.

우리 고민 중에 약 80퍼센트는 고민할 필요가 없는 것들이거나,

고민해도 해결이 안 되는 문제라고 한다. 문제를 구체화하면 먼저 해결해야 할 문제의 실마리가 반드시 보인다. 5분 안에 해결할 수 있는 것은 당장 해결하여 고민거리의 수를 줄이고, 노력해도 안 되는 것은 적당히 체념하거나 미루고…… 그러면 크고 작은 고민들 중에 3분의 1 정도만 남는다. 물리학자들은 막연했던 점성술을 구체적인 천문학의 문제로 바꾸었다. 화학자들은 막연했던 연금술을 구체적인 화학의 문제로 바꾸었다. 고민에 휩싸일 때마다 과학의 역사를 상기하자. 고민을 당장 해결하려는 막연한 기대에서 벗어나, 그 고민을 구체적인 문제로 일단 바꾸어보자. 그러면 적어도 어제보다는 나아질 것이다. 삶의 본질은 도약이나 비약적인 발전에 있다기보다는 우직하게 버티면서 삶을 지속시키고, 어제보다 손톱만큼만이라도 나아지려는 굳센 마음 안에 있는 듯하다.

빛의 속성

언제나 삶의 최단 경로를 알고 있는 동네 주민들

시인 단테가 지은 서사시 《신곡》은 스승 베르길리우스의 안내로 제자 단테가 지옥, 연옥, 천국을 찾아가는 이야기인데, 이런 첫 문장으로 시작된다. "인생의 반고비에 어두운 숲속에 있었다." 이 글을 쓸 때 단테는 30대 중반이었는데 당시 평균 수명을 고려하면 인생의 반고비가 맞다. 요새 나이로는 마흔 정도가 아닐까 한다. 마흔쯤 되면 누구나 인생의 반고비를 살았다는 생각이 들 텐데, 그동안 살아온 시절을 돌이켜보면 세상살이가 참으로 복잡다단하다는 느낌도 들 것이다.

'어둠'은 살아가면서 닥치는 어려운 시절이나 역경을 상징한다. 그 힘든 시기를 헤쳐나오면 '빛'을 보게 되고 우리 삶은 다시 환하게 밝혀진다. 문학의 역할을 다룬 비평서로 《거울과 등불》이라는 책이 있다. 여기서 '거울'은 문학이 시대상을 비추는 역할을 해야 한다는 것이고 '등불'은 올바른 앎을 알려주는 빛이 돼야 한다는 점을 상징한다. '빛'은 깨달음이나 진리의 상징이다.

'누군가에게 빛이 되는 존재'라는 관용 표현이 있는 것처럼 빛은 꿈과 희망의 상징이기도 하다. '어두움을 밝힌다'는 말인 '계몽'은 영어 'enlightenment'와 대응하는데 그 말 안에 '빛light'이 있다. 계몽주의 시대의 작가 찰스 디킨스는 《크리스마스 캐럴》을 발표하여 전 세계에 "메리 크리스마스"라는 새로운 인사말을 유행시켰다. 빅데이터로 분석된 현대의 자료를 보면 이전에는 거의 사용되지 않던 "메리 크리스마스"라는 표현이 《크리스마스 캐럴》 발표를 기점으로 폭발적으로 증가한다. 디킨스의 다른 소설인 《두 도시 이야기》는 런던과 파리를 교차 편집하여 보여주는 방식으로 구성된 작품인데, 이렇게 시작된다.

최고의 시절이자 최악의 시절,

지혜의 시대이자 어리석음의 시대였다.

믿음의 세기이자 의심의 세기였으며,

빛의 계절이자 어둠의 계절이었다.

　빛과 어둠만큼 강렬한 대비를 보여주는 상징이 또 있을까. 빛은 최고이자, 지혜이자, 믿음이다. 이 모든 전통적 상징으로 등장하는 빛은 보이는 빛, 즉 '가시광선'을 의미한다. 우리가 사는 현대에도 그렇다. 쏟아지는 태양빛, 별빛, 레이저 포인터, 손전등, 가로등과 네온사인, 자동차 전조등과 브레이크등…… 그런 것들 말이다.

　전등은 스스로 빛을 내지는 못하지만 전기를 연결하면 빛을 내는데, 전등을 켜자마자 무수한 빛(광자, 빛의 입자)이 쏟아진다. 그런데 불을 끄면 그 많던 광자들은 순식간에 어디로 다 사라지는 걸까? 순식간에(당연히 광속) 열로 바뀌어 물체에 흡수된다. 그 과정이 너무나 빨리 진행되어 우리 눈으로는 식별할 수 없다. '눈 깜짝할 새'는 대략 0.3초인데 빛의 입장에서 보면 0.3초는 어마어마하게 긴 시간이다. 그러니 눈 깜짝할 새에 빛은 오만 가지 일을 다 하고도 남는다. 전등을 켜놓으면 무수한 광자들이 사방팔방으로 계속 퍼져나가고 벽과 물건에 반사되므로 방이 환하게 보이지만, 불을 끄면 광자들의 공급이 사라지고 기존에 퍼져 있던 광자들은 물체나 벽에 열 형태로 즉시 흡수되므로 즉시 사라진다. (엄밀히 말하면 '즉시'는 아니다. 그 과정이 순식간에 일어나므로 우리가 인식하지 못할 뿐이다.)

전자레인지 문을 열어보자. 안쪽이 환해진다. 등이 켜졌고 거기서 빛(가시광선)이 나오고 있다. 자, 이제 음식을 넣고 문을 닫으면 다시 등이 꺼진다. 가시광선은 전자레인지 안쪽 벽으로 흡수된다. 30초만 작동해보자. 윙 소리를 내면서 접시가 빙글빙글 돈다. 지금 눈에는 안 보이지만 마이크로파라는 전자기파가 요란하게 음식을 쬐면서 덥히고 있는 중이다. 눈에 보이는 빛은 잠시 사라졌지만 눈에 보이는 빛 바깥의, 눈에 안 보이는 전자기파가 음식 안에 포함된 물을 마구 흔들고 때려서 열 받게 한다. 그래서 음식이 데워진다. 열이라는 게 입자들의 움직임 때문에 생기는 것이라서, 모든 입자들이 미동도 없이 정지해 있으면 어마어마하게 추운 상태가 된다. 우주에서 가장 낮은 온도인 절대온도 0K 상태는 모든 입자의 움직임이 멈춘 상태인데 우리에게 친숙한 섭씨 온도로 환산하면 영하 273도다. 가히 죽음의 온도라 할 만하다.

마이크로파는 내부 전등의 불빛과 한 형제다. 본질적인 속성을 공유하는 한 형제라는 사실을 스코틀랜드 과학자 제임스 클러크 맥스웰(1831~1879)이 속력을 계산하다가 알아냈다. 자신이 연구하는 전자기파의 속력과 기존에 과학자들이 밝혀놓은 빛(가시광선) 속력이 일치했던 것이다. 가시광선도 전자기파의 일종이라는 점이 확인된 순간이다.

보이지 않는 전자기파를 때로 '보이지 않는 빛'이라고 부르기도 한다. 인간의 시각은 체득된 습관에 따라서 빛이 곧게 뻗어간다는 사실에 익숙하다. 구름 사이에서 바다로, 숲속에서 나무 틈새들로 쏟아지는 곧은 햇살을 보라. 빛의 직진성은 누가 알려주지 않아도 살아가면서 경험으로 자연스럽게 체득되는 것 같다. 투명한 유리잔에 빨대를 꽂으면 빨대가 직선으로 보이지 않고 수면을 기준으로 꺾인다. 빨대가 부러진 게 아니라 빛이 직진하다가 꺾였기 때문이다. 컵에 동전을 넣고 물을 채우면 동전은 실제 있는 위치보다 위쪽에 보인다. 빛이 꺾여서 생긴 허상이다.

뜨거운 아스팔트에 아지랑이가 피어오르면서 바닥에 건물이 어른거린다. 원래 위치를 고려하면 저 건물은 저기 바닥에 보이는 것보다 훨씬 높아야 하는데 왜 저 아래에 보일까. 직진하던 빛은 뜨거운 공기층을 만나면서 커브를 그리며 위로 꺾여 우리 눈에 도달했다. 그런데 눈은 방금 도달한 빛이 휘어져서 왔는지 직선으로 왔는지 알 수 없기 때문에 곧장 직선으로 왔다고 믿는다. 그래서 방금 눈으로 들어온 방향에 반대 직선을 머릿속으로 그어서 저 반대쪽에 사물이 있는 것으로 본다. 실제 사물은 저 위에 있는데 말이다. 그것이 신기루라는 착시다.

　건축가들은 아파트 단지나 공원, 학교 등의 보행자 통로를 치밀하게 디자인하지만, 막상 사람들이 직접 이용하기 시작하면 없던 길이 새로 생기고 그 길은 잔디에서 맨땅으로 점점 변해간다. 즉, 계획상으로 전혀 예상치 못한 지름길들이 여러 곳에 생긴다. 보행자들은 늘 최단 경로를 알고 있기 때문에 조금도 돌아가려고 하지 않는다. 참 영리하고 때로는 영악스럽기까지 한 주민들처럼 빛도 늘 자신에게 가장 유리한 경로를 알고 있다. 빛은 항상 최적의 경로로 움직인다. 빛이 곧장 앞으로만 가다가 방향을 트는 것은 오로지 그것이 더 빨리 이동하는 경로일 때만 그렇다. '의인화'는 문학 작품 읽을 때나 하는 것이지만 '어찌 그걸 알고' 그렇게 항상 최적의 경로만 택할 수 있는지 너무나 오묘하다. 어떤 사람이 평소에 안 하던 말과 행동을 할 때 '다 그럴 만한 이유가 있겠지' 하고 여기는 것은 그가 믿을 만한 사람일 때만 그렇다. 그렇지 않다면 '저 인간 왜 저래' 같은 생각이 들 것이다. 그러니 항상 한결같은 빛이 휜다면 그런 데는 다 이유가 있다고 믿으면 된다.

영국 천문학자 아서 에딩턴은 1919년의 개기일식 때 휘어진 별빛을 관측하여, 아인슈타인의 일반 상대성 이론이 맞는다는 것을 입증했다. 무거운 물체는 주변의 시공간을 움푹 패게 하므로, 그 옆을 지나는 빛도 그 굴곡을 따라 휘게 된다는 것이 일반 상대성 이론의 내용이다. 태양 뒤에 있으므로 지구에서는 관측될 수 없다고 여겼던 별이 우리 눈에 보인 것은 빛이 샛길로 휘어져서 왔기 때문이었다.

살다 보면 조금 돌아가는 것처럼 보이는 길이 결국 최적의 경로였던 경우가 많다. 삶의 최적 경로는 직선거리와는 거리가 멀다. 언제나 곧은길로 앞으로만 나아가며 열심히 살아왔다고 생각하지만, 돌아보면 삶의 여정은 구불구불한 곡선들로 가득 차 있다. 등산할 때 보면, 직선거리이긴 하지만 아주 올라가기 힘들고 어려운 길이 있고 직선거리는 아니지만 조금 돌아가면 더 빨리 갈 수 있는 길이 있다. 여러분은 둘 중에 어느 길로 가겠는가. 빛이라면 더 빨리 갈 수 있는 우회 경로를 택할 것이다. 돌아가는 길을 택해야 돌아가지 않게 된다.

내비게이션을 켜고 목적지를 입력했을 때 화면에는 목적지 방향으로 직선(점선)이 표시되지만, 그 직선은 그저 방향만 알려줄 뿐 우리가 이동해야 할 실제 경로와는 거리가 멀다. 실제 지형은 그렇지 않기 때문에 최단 경로는 따로 있다. 곧장 거침없이 일직선으로 뻗어갈 것만 같은 빛도 항상 직진으로만 진행하는 것은 아니다. 때로는 꺾여서 더 먼 길을 돌아간다. 빛이 꺾이거나 휘는 까닭은 그것이 최적의 경로이기 때문이다. 그러니까 항상 일직선으로만 이동하는 것이 최적 경로는 아니라는 말이다.

직사각형 모양으로 된 수영장 풀이 있다. 저쪽에서 어린이가 물에 빠져 허우적거린다면 안전요원이 물로 뛰어들어야 하는 최적의 지점은 어디일까. 현재 위치에서 어린이가 빠진 지점을 일직선으로 그었을 때의 땅과 물의 교차점일까? 아니다. 물에서 헤엄치는 속력보다 땅 위에서 달리는 속력이 훨씬 빠르기 때문에, 땅에서 뛰는 거리는 되도록 늘리고 헤엄치는 거리는 되도록 줄여서 최단 시간에 도착할 수 있도록 동선을 짜야 한다. 따라서 최단 시간 경로를 표시하면 꺾은선으로 표시될 것이며 아까 추정했던 입수 지점보다 더 위쪽이 될 것이다. 빛이 꺾이는 것도 이와 비슷하다.

아스팔트로 포장된 도로가 있다. 이 아스팔트 양쪽은 모래밭이라고 해보자. 잘 달리던 자동차의 오른쪽 앞바퀴가 갑자기 모래밭에 닿으면 자동차의 진행 방향은 어떻게 될까? 모래밭 쪽으로 우회전할 것이다. 오른쪽 앞바퀴가 헛돌거나 비정상적으로 회전하는 반면 왼쪽 앞바퀴는 여전히 잘 돌기 때문에 차의 진행 방향이 오른쪽으로 꺾인다. 공기를 통과하던 빛이 물을 만났을 때도 비슷한 현상이 일어난다. 진행이 느려지는 물질 쪽으로 꺾인다. 공기를 지나던 빛의 속력은 물속에서 갑자기 느려진다. 공기도 지나고 물도 지나야 한다면, 빛의 입장에서 가장 유리한 것은 공기를 최대한 많이 통과하고 물은 되도록 적게 통과하는 것이다. 그렇다고 공기를 지나는 경로가 또 너무 길어지면 오히려 이동 거리가 많이 늘어나게 되고 걸리는 시간도 증가할 것이다. 그러니까 최적의 경로를 찾아야 한다. 빛은 직진하지만, 공간이 휘어져 있을 때는 굴곡을 따라 움직인다. 이것을 '페르마의 원리' 또는 '페르마의 최소 시간 원리'라고도 부른다.

테드 창의 소설이 원작인 영화 〈컨택트〉(원제는 '도착Arrival')는 어느 날 지구를 찾아온 외계생명체와의 의사소통을 그린 작품이다. 인생의 의미, 그리고 시간과 기억에 관한 성찰을 다루고 있다. 외계생명체의 언어를 배우면서 미래를 보는 능력을 갖게 된 언어학자 루이스가, 자기 삶에 비극적 일이 벌어진다는 것을 미리 알고서도 이를 거부하지 않고, 결국 예정된 시간을 그대로 받아들이며 인생을 살아간다는 내용이 나온다. 그것이 자신에게 가장 알맞은 최선의 인생이라고 여긴다. 원작 소설인 《당신 인생의 이야기Stories of Your Life and Others》에 페르마의 원리를 설명하는 구절이 있다. "광선이 어느 방향으로 움직일지 선택하기 전, 자신의 최종 목적지를 알고 있어야 한다." 그것은 당신 인생의 이야기, 즉 '지금 여기'를 소중히 여기면서 최선을 다해 열심히 살아가고 있는 우리의 이야기인지도 모른다.

전기와 자기, 전자기파

전자파로 둘러싸인 안전한 세상

전자파와 전자기파는 같은 것을 가리키는 말인데도, 전자기파라고 하면 왠지 딱딱한 과학 교과서가 나올 것 같은 쎄한 느낌이 들고, 전자파라고 하면 왠지 건강에 안 좋다는 잔소리가 들릴 것 같은 쎄한 예감이 든다. 저런, 둘 다 쎄하네……. 핸드폰이나 컴퓨터를 너무 많이 들여다보면 어른들이 "적당히 보거라, 전자파 나온다"라고 말하지 "조심해, 전자기파 나온다"라고 말하지는 않는다. 전자파(전자기파)가 당연히 나온다. 그렇지만 건강에 영향을 끼칠 정도는 아니니까 무시해도 좋다. 핸드폰이나 컴퓨터를 너무 많이 들여다볼 때 정작 위험한 것은 전자파가 아니라 거북목이니까, 전자파 걱정은 묻어두고 스트레칭이나 더 자주 하자.

전자기파들 중에는 우리가 눈으로 볼 수 있는 가시광선이 있다. '가시可視'는 볼 수 있다는 뜻이다. 어둠을 가르며 하얗게 직진하는 전등빛이 가시광선이다. 이 하얀 빛은 여러 가지 색깔의 빛이 모두 합쳐진 것이다. 물감은 서로 합칠수록 검정에 가까워지지만 빛은 합칠수록 흰색에 가까워진다.

인류는 오랫동안 가시광선과 다른 전자기파의 속성이 같다는 점을 알지 못했다. 이 둘이 같음을 발견한 것은 제임스 맥스웰이다. 오십을 넘기지도 못하고 세상을 떠났는데, 더 오래 살았다면 훨씬 더 많은 과학적 업적들을 남겼을 것이다. 인생과 역사에서 가정법이 부질없는 일이긴 하지만 말이다.

1832년의 프랑스는 '결투를 신청한다!'라는 것이 영화가 아닌 실제로 일어났던 시대였던 것 같다. 현대 수학의 중요한 분야인 '군론group theory'의 창시자인 프랑스 청년 에바리스트 갈루아는, 후대 수학계에 혁명을 가져올 내용이 담긴 편지만 친구에게 달랑 남기고 허망하게도 스무 살에 결투를 하다가 죽었다. 죽음을 예감한 듯한 그의 편지에는 이런 구절이 있다. "가우스에게 의견을 부탁해봐. 내 정리들의 옳고 그름이 아닌 가치를. 훗날 이러한 깊은 내용을 이해하여 큰 유익을 얻는 사람이 있기를 바라네." 그가 유언처럼 남긴 내용들은 후대에 혁명을 불러일으킬 '대칭'에 관한 새로운 해석이었다. 그가 창안한 새로운 개념 덕분에 풀리지 않던 여러 난제들이 해결되었다.

노벨상에는 '수학상'이 없다. 노벨상에 필적하는 수학 분야의 상은 '필즈상'인데 40세 이하 수학자에게만 수여한다는 까다로운 조건이 있다. 당연히 역대 수상자들은 모두 40세 이하에 이 상을 받았는데 딱 한 명 예외가 있었다. 페르마의 마지막 정리를 증명했을 때 앤드루 와일스의 나이는 마흔을 넘었지만, 그 업적이 너무나 위대하여 그에게 필즈 특별상이 수여되었다. 예외를 싫어하는 수학자들이 예외를 만들다니 매우 낭만적이다. 나이 제약 없이 훌륭한 수학자에게 수여되는 상으로는 '아벨상'이 있는데 노르웨이 수학자 닐스 헨리크 아벨(1802~1829)을 기리면서 제정되었다. 이름 옆의 생몰년도를 유심히 보라. 아주 젊은 나이에 사망했음을 알 수 있다. 꽃다운 나이에 사망한 아벨은 자기보다 더 젊은 나이에 세상을 뜬 갈루아가 개척했던 수학 영역인 '군론'을 더 발전시켰다. 부질없다 해도 그 말이 또 떠오른다. 만일 이들이 더 오래 살았더라면!

전자기파는 전기와 자기의 완벽한 대칭이 이루어내는 작품이다. 가시광선은 전체 전자기파로 보면 아주 작은 일부분에 불과하다.

가시광선 바깥으로 나가보자. '빨주노초파남보'의 바깥으로 한 걸음 나가면 빨강의 바깥과 보라의 바깥이 되는데 이 보이지 않는 전자기파를 각각 적외선(빨강 바깥의 전자기파), 자외선('자색'은 보라색을 가리킴. 따라서 보라 바깥의 전자기파)이라고 부른다. 적외선은 물리치료 받을 때 쪼여지고 있으며, 자외선은 고속도로 휴게소에 비치된 물컵 살균기 내부에 쪼여지고 있다. 눈에 안 보인다고 했는데 물리치료 받을 때 몸에 쪼이는 '붉은' 빛이 떠오를 것이다. 또 컵 살균기 내부에 비치는 '푸르스름한' 빛도 떠오를 것이다. 그건 엄밀히 말하면 적외선에 가까운 가시광선의 붉은 색과 자외선에 가까운 가시광선의 보라색 또는 파랑색을 우리가 보는 것이다. 여기까지가 적외선, 여기부터 자외선, 이렇게 무 자르듯 정확히 수치로 딱 구분할 수 있는 건 아니다. 가시광선 영역도 딱 정해진 것이 아니라 사람의 시력에 따라 조금씩 달라질 수 있다. 어떤 이들은 보통 사람들이 못 보는 적외선이나 자외선 영역 일부를 본다. 엄밀히 말하면 가시광선 범위가 더 넓은 사람들이 있다.

'오겡끼데스까'라는 대사로 유명한 영화 〈러브레터〉에는 우연히 이름이 같아서 여러 해프닝을 겪게 되는 여학생 이츠키와 남학생 이츠키의 이야기가 나온다. 어느 날 어두운 학교 자전거 주차장에서 여학생 이츠키가 자전거 바퀴를 돌려 등을 밝혀주고, 남학생 이츠키는 그 불빛으로 편지를 읽는다. 자, 낭만적인 분위기는 쏙 빼고 자전거 바퀴 회전만 유심히 보자. 자전거 바퀴에 밀착된 고무판이 돌면서 코일이 감긴 금속 통 안으로 연결된 자석이 회전하고 있을 것이다. 그러면 전류가 생긴다. 수력 발전이든 원자력 발전이든 자전거 발전이든 모든 발전기의 원리는 이것과 똑같다. 한마디로, 자석이 움직이면 전기가 생긴다.

전자기파란 전기의 특징과 자기의 특징을 동시에 갖추고 있다. 전기는 조건만 맞으면 자기로 바뀌고, 자기 역시 조건만 맞으면 전기로 바뀐다. 덴마크의 과학자 한스 크리스티안 외르스테드가 1820년에 이 둘의 연관성을 처음 발견했다. 1831년에 마이클 패러데이가 이것을 실험으로 입증하며 자기 성질을 활용해 전기를 만들었다. 그리고 1861년에 제임스 맥스웰이 한 몸처럼 붙어 있는 전자기파의 속성들을 종합하여 네 가지 방정식으로 정리했다. 과학자들은 입을 모아 이 방정식들의 아름다움을 찬양하는데, 그 아름다움을 음미할 수 있는 수준이 되려면 좀 더 공부를 해야 할 것 같다. 맥스웰 방정식이 중요한 것은 전기와 자기의 모든 현상을 간단한 네 가지 공식으로 전부 설명할 수 있기 때문인데, 이 간결함을 보고서 아름답다고 하는지도 모르겠다.

$$\nabla \cdot D = \rho$$

$$\nabla \cdot B = 0$$

$$\nabla \times E = -\frac{\partial B}{\partial t}$$

$$\nabla \times H = J + \frac{\partial D}{\partial t}$$

원자의 상태는 기본적으로 양성자와 전자가 균형을 이루는 중성인데 전자를 잃게 되면 양성자가 많아져서 + 상태가 되고 전자를 얻게 되면 전자가 많아져서 − 상태가 된다. 첫째 방정식은 + 상태와 − 상태가 돼야 전기가 발생할 수 있다는 것이다. 둘째 방정식은 자석의 N극과 S극을 따로 분리할 수 없다는 것이다. 즉, 자석의 중간을 부러뜨리면 N극과 S극이 나뉘는 게 아니라 N극과 S극이 있는 작은 자석 두 개가 만들어지며 더 작게 쪼개도 마찬가지다. 셋째 방정식은 자석을 움직이면 주변에 전류가 생긴다는 것이다. 넷째 방정식은 전류가 생기면 주변에 자기장이 생긴다는 것이다. 따라서 전기와 자기는 늘 상호작용을 하게 된다.

아인슈타인은 유명한 방정식 $E = mc^2$ 하나로 에너지와 물질이 서로 교환 가능하다는 점을 입증했다. 핵분열은 무거운 핵이 쪼개지면서 줄어든 질량만큼의 에너지가 발생하는 현상이고, 핵융합은 두 핵이 합쳐져 하나로 되면서 줄어든 질량만큼의 에너지가 발생하는 현상이다. 과정은 반대지만 줄어든 질량이 막대한 에너지로 바뀐다는 점은 같다. 물질의 일부가 바뀌어서 에너지가 된다는 점은, 먹지 못하고 굶으면 지방을 태워서 에너지로 쓰는 것으로 비유해보면 대강 이해할 수 있다. 원자폭탄이 적절한 사례가 될 것 같다. 질량 일부를 어마어마한 파괴 에너지로 바꾸는 것이니까 말이다. 그런데 거꾸로 에너지가 물질로 바뀐다는 점은 쉽게 납득이 가지 않는다. 그건 무에서 유를 창조하는 것 아닌가, 그게 가능한가? 우주선이 연료를 어마어마하게 소진하며 어마어마한 속력으로 계속 돌진한다면 우주선은 계속 무거워진다. 즉, 질량이 증가하는데 그것은 에너지가 질량(물질)으로 바뀌었기 때문이다. 아인슈타인의 상대성 이론 내용인데, 나중에 다시 살펴보자.

전자기파란 전기와 자기 특징을 모두 지닌 파동이라는 뜻을 지닌 용어다. 처음에는 '보이지 않는 빛'이라는 표현이 익숙하겠지만, 이제 곧 가시광선을 '보이는 전자기파'라고 부르는 게 더 자연스러워질 것이다. 처음에는 '다르다'란 표현과 '틀리다'라는 표현을 구별하지 않고 쓰다가 원뜻을 알고 나면 구별하지 않고 쓰는 게 매우 어색해지는 것처럼 과학 용어도 마찬가지다. 원뜻을 잘 알아서 익숙하게 쓰는 만큼 제대로 쓰게 된다. 빛이 따로 있고 전자기파가 따로 있는 것이 아니라, 빛이 전자기파의 일종이다.

전자기파는 파동인데, 파동이란 파도처럼 일렁이는 움직임을 일컫는다. 잔잔한 호수에 돌맹이를 퐁당 던졌을 때 그 주변으로 원 모양으로 살짝 일렁이는 것도 파동이고, 태평양의 거대한 파도가 출렁거리는 것도 파동이다. 파장은 파동의 길이, 즉 출렁이는 간격을 가리키는데, 조약돌이 만드는 호수의 출렁임은 파장이 짧고, 거대한 쓰나미의 출렁임은 파장이 길다. 빛은 한쪽을 향해 직진하는데, 출렁이는 파동을 일으키며 앞으로 나아간다. 수영 선수들이 출발하고 나서 손을 앞으로 쭉 뻗은 다음 허리를 위아래로 출렁이면서 앞으로 쑥쑥 나아가는 것처럼 말이다.

고등어가 작은 몸을 파닥거리며 직진하는 것과, 돌고래가 큰 몸을 퍼덕이며 직진하는 것을 상상해보자. 이 둘이 헤엄치는 속력이 같다면 10미터를 나아갈 때 고등어는 300번을 파닥거려야 하는데, 돌고래는 30번 정도 퍼덕이면 된다. 고등어와 돌고래는 속력이 같지만 파장은 다른 것이다. 고등어의 파장은 짧고 돌고래의 파장은 길다. 전자기파들도 마찬가지인데 속력(광속)은 같지만 파장은 각기 다르다. 보통 파장이 짧을수록 에너지가 많이 나온다.

전자기파인 빛은 1초에 30만 킬로미터를 날아간다. 1초에 위로 한 번 올라갔다가 아래로 한 번 내려갔다가 제자리로 돌아오면 1회 진동하는 것이다. 이것을 1헤르츠Hz라고 한다. 1초에 진동하는 횟수를 주파수라고 한다. 파장이 10만 킬로미터인 전자기파는 1초에 3회 아래위로 출렁이면 30만 킬로미터를 이동한다. 따라서 주파수(1초에 진동하는 횟수)가 3헤르츠이다. 넓게 출렁이는 전자기파보다 파장이 좁은 전자기파의 에너지가 높다. 같은 가시광선이라고 해도 빨강은 출렁임의 간격이 넓다. 파장이 길다. 그리고 보라색으로 갈수록 파장이 짧아진다. 즉, 적외선보다 자외선의 에너지가 높다. 적외선이 나오는 난로는 오래 쬐어도 되지만, 에너지가 강한 자외선에 노출되는 선탠은 너무 오래 하면 피부가 상하며 더러 피부암을 유발하기도 한다.

태양에서 출발한 빛이 지구에 사는 우리의 눈까지 오려면 8분 정도 걸린다. 그러니까 우리는 언제나 실시간의 태양이 아닌 8분 전의 태양을 보고 있는 것이다. 우리가 책을 보는 것도 사랑하는 가족을 바라보는 것도 엄밀히 말하면 모두 과거의 모습을 보는 것이다. SF 영화의 한 장면이라 치고, 만일 태양이 폭발하거나 사라진다면 사랑하는 이들과 작별 인사를 할 수 있는 시간이 불과 8분밖에 안 된다. 우리가 보는 별빛은 까마득한 과거의 모습들이다. 현재 그 별이 사라졌다 해도 그 별은 당분간 밤하늘에 여전히 빛날 것이다. 과거에 출발한 빛이 지구까지 오는 여정의 시간만큼 유예되는 것이다. 따라서 밤하늘은 과거를 보여주는 마법 같은 브라우저이자 타임머신이다.

태양빛이 지구 대기권을 통과하려면 공기 중에 있는 수많은 입자들과 부대껴야 한다. 공기 입자들에 부딪치며 빛은 튕겨 나간다. 이때 넓은 간격으로 느긋하게 출렁거리는 붉은 빛보다는 촐싹거리며 짧은 간격으로 파르르 진동하는 푸른 빛이 공기 입자들과 훨씬 더 많이 부딪치고 산산이 튕겨 나간다. 기준을 깐깐하게 잡으면 아이를 혼낼 일이 많아지는 것과 같은 이치랄까. 경험상 배가 고프거나 체력이 떨어지면 판단 기준이 깐깐해지더라. 제때 식사하고 평소 체력을 잘 길러두는 것이 가정의 평화에도 도움이 되는 것 같다.

파장이 짧은 푸른 빛은 공기 분자에 더 많이 튕겨 나가므로, 저 높은 하늘은 우리에게 푸르게 보인다. 태양빛과 공기 입자들의 강렬하고도 거친 충돌을 목격하는 것이다. 붉은 빛들은 출렁이는 간격인 파장이 길어서 공기 입자에 덜 부딪친다. 해가 지평선 너머로질 때는 그만큼 우리에게 도달하는 태양빛의 이동 거리가 길어지는데 우리 눈까지 오다 보면 푸른 빛들은 모두 튕겨 나가고 결국 붉은 빛들이 많이 살아남아서 우리와 가까운 곳에서 공기 입자들과 부딪친다. 붉은 빛으로 튕겨 나간다. 그래서 노을은 붉다. 자동차 브레이크등은 왜 빨강일까? 노을이 붉은 이유와 같다. 파장이 긴 빛은 공기 입자에 덜 튕겨 나가고, 그래서 더 멀리까지 전달될 수 있다. 즉, 밝아서가 아니라 멀리 가기 때문인데, 마치 이 붉은 빛처럼 살다 보면 강렬한 짧은 임팩트보다는 잘 보이지 않는 인내와 끈기로 승부를 봐야 할 때가 종종 있다.

전기와 자기의 밀접한 관계를 알 수 있는 아주 쉬운 실험이 있다. 카오스KAOS 재단이 주관하는 교양과학 특강 시간에 카이스트 김갑진 교수가 보여준 실험으로, 귀찮은 걸 싫어하는 집돌이인 나도 직접 따라해본 실험이니 전혀 번거롭지 않다는 점을 보장할 수 있다. 아무도 쉽게 흉내 내지 못할 그림을 쓱쓱 그려놓고 "참 쉽죠" 하고 말하는 화가 밥 로스가 떠오르기도 하지만, 이 실험은 진짜로 쉽다. 준비물은 쿠킹 호일과 동전 크기의 네오디뮴 자석이다. 네오디뮴 자석은 냉장고에 붙여놓으면 한 손으로 쉽게 떼기 어려울 정도로 자성이 강하다. 작은 것은 비싸지 않으니 하나 마련해두면 쓸모가 많을 것이다. 네오디뮴 자석을 평소에 구비해둔 가정은 많지 않을 테니, 일단 책 읽기를 멈추시고 자석을 먼저 구매하시기 바란다. (내일 이 시간에 다시 만납시다……라고 말하려 했는데)

요즘 택배 참 빠르다. 당일 저녁에 도착하다니. 도착한 네오디뮴 자석과 쿠킹 호일을 꺼내서 본격적인 실험을 해보자. 실험은 푹신푹신한 것이 깔려 있는 곳에서 하기 바란다. 자석이 떨어질 때 잡지 못하면 바닥을 찍을 수 있다(경험담이다). 쿠킹 호일이 세로 방향이 되도록 몸통 중앙을 한 손으로 감싸쥔다. 다른 손으로 네오디뮴 자석을 호일 위쪽 구멍에 떨어뜨린다. 그리고 잽싸게 아래 구멍으로 손바닥을 다시 가져가서 떨어지는 자석을 받으면 실험이 끝난다.

아참, 자석으로 실험하기 전에 비교군을 하나 만들면 실험 결과의 차이를 더 잘 볼 수 있을 것 같다. 작은 지우개든, 콜라병 뚜껑이든 구멍보다 작은 물체를 호일 원통 안에 떨어뜨려 보기 바란다. 물건을 놓자마자 그 손을 아래로 가져가서 그 물건을 잡는 것이다. 그런데 물건이 너무 빨리 떨어져서 잡는 게 생각보다 쉽지는 않을 것이다.

방금 물건이 떨어진 속도감을 생각하며 이제 네오디뮴 자석으로 실험을 해보자. 쿠킹 호일 원통을 통과한 자석은 우리 생각과 사뭇 다르게 아주 천천히 떨어질 것이다. 마치 보이지 않는 투명 낙하산이라도 편 듯 스르르 내려온다. 쿠킹 호일은 알루미늄이라서 자석에 안 붙는데도, 자석을 뭔가 위에서 잡아당기거나 못 내려오도록 밑에서 위로 떠받들고 있는 것 같은 현상이 일어난다. 자석이 천천히 떨어지는 것은, 실제로 뭔가가 아래에서 떠받치고 있기 때문이다.

물체가 움직인다는 것은 달리 말해 그 물질 안에 포함된 전자가 움직인다는 말도 된다. 전자가 움직이는 것을 전기의 흐름, 즉 전류라고 부른다. 전류가 흐르면 반드시 주변에 자기가 생긴다. 둘은 동전의 앞뒤처럼 붙어 있다. 이것을 외르스테드가 처음 발견하여 학계에 보고했다. 즉, 움직이는 물체 주변에는 반드시 자기장이 생긴다. 자기장은 자석의 힘이 미치는 범위를 일컫는 말이다. 물체의 특성에 따라 아주아주 약한 자기장이 생길 수도 있고, 아주 강한 자기장이 생길 수도 있다. 그 물체가 자석일 때는 강력한 자기장이 생긴다. 자기장이 생기면 주변에 전기가 생긴다. 이것은 패러데이가 발견했다. 그러니까 강력한 자석이 움직이면 자기장과 전기장이 번갈아 나타나게 된다. 새로 만들어진 자기장과 원래 있던 자기장은 방향이 반대라서 서로 밀치게 된다. 전기가 잘 통하는 알루미늄 호일 안에서 강력한 자성을 지닌 네오디뮴 자석이 움직이면서 그 현상이 번갈아 일어났고, 네오디뮴 자석은 바뀌는 주변 환경으로 인해 몸둘 바를 모르고, 이리 차이고 저리 차이며, 이리 떠밀리고 저리 떠밀리느라 어쩔 수 없이 천천히 내려왔던 것이다. 실험은 끝났다. 세부 내용은 건너뛰더라도 전기와 자기는 한 몸이므로 항상 붙어 있다는 점만은 기억해주기 바란다.

빛은 전자기파의 일종이므로 전자기파의 진행 속력은 당연히 빛의 속력이다. 태양이 꺼질 일은 없겠지만, 8분 정도 시간을 내어 그때 그 시절의 아름다운 시간을 함께했던 친구에게 오랜만에 짧은 안부 문자를 보내보면 어떨까. 추억이 담긴 메시지는 전자기파인 전파를 타고 빛의 속력으로 날아가 친구에게 당신 미음을 전달힐 것이다. 마음은 빛보다 더 신비롭다. 음악 한 소절만 있으면 시공을 초월하여 빛보다 빠르게 그때 그 시절로 우리를 즉시 데려다준다.

주파수와 공명

마음이 맞는 사람들과 함께 누리는 인생의 행복

허리가 너무 아파서 태어나 처음 MRI 검사를 했었는데 우려했던 대로 디스크(추간판 탈출증)였다. 하루 종일 책상에만 앉아 있는데 운동은 안 하다 보니까 이런 병을 얻은 것이다. 처음에 검사할 때는 경황이 없었지만 나중에 관심이 생겨서 MRI 작동 원리를 찾아보았다. MRI는 '자기공명영상Magnetic Resonance Imaging'을 일컫는다. '자기'는 자석의 힘을 이용한다는 뜻이고, '영상'은 이미지로 보여준다는 말이다. '공명'은 함께 울려 퍼진다는 것인데 서로 성질이 같은 신호가 만나서 세기가 커진다는 뜻이다. 자석을 이용해 신호를 맞춰서 크게 키운 다음 영상으로 보여주는 장치, 그것이 MRI다.

어떤 이와 생각이 잘 맞을 때 우리는 종종 '주파수가 잘 맞는다'라는 표현을 쓴다. 일정한 주기로 반복되는 운동이 1초 동안에 일어나는 횟수를 주파수라고 하고 단위는 헤르츠를 사용한다는 점을 기억할 것이다. 시계 초침에 맞춰 좌우로 왔다 갔다 하는 메트로놈의 주파수가 1헤르츠다. 지지직거리던 라디오가 주파수가 맞아서 깨끗한 음성이 들려오는 것은 라디오의 신호와 방송국에서 보낸 신호가 공명 현상을 일으킨 덕분이다. 생각하는 방식과 삶의 주기가 비슷하면 서로 상승 효과, 즉 시너지가 생기는데 이런 것이 공명 원리와 비슷하다. 딸아이가 그네를 탈 때 그네가 움직이는 반동에 맞추어 리듬감 있게 밀어주면 힘은 적게 들고 효과는 높일 수 있는데 이것이 공명 원리다. 다이빙 선수가 도약 직전에 보드를 힘차게 굴리면 위로 확 솟구치는 것도 마찬가지다. 주기가 비슷한 두 진동이 합쳐져서 더 큰 효과가 생기는 현상인 공명은 때로 다리를 무너뜨릴 정도로 커다란 힘을 일으키기도 한다.

고대 중국에 거문고를 잘 타던 '백아'라는 인물이 있었는데 절친인 '종자기'는 연주하는 거문고 소리만 듣고도 친구인 백아의 현재 마음이 어떠한지 헤아릴 수 있었다고 한다. '아, 오늘 이 친구가 기분이 안 좋구나', '뭔가 속상한 일이 있었나 보다', '어, 무슨 좋은 일 있나?' 하고 말이다. 종자기가 병을 얻어 갑자기 세상을 떠나자, 백아는 벗을 잃은 슬픔에 거문고 줄을 끊고 더 이상 연주를 하지 않았다. 이 이야기가 '백아절현伯牙絶絃(백아가 줄을 끊다)'이라는 고사성어의 유래인데 같은 뜻으로 쓰이는 표현으로 '지음知音(소리를 알아줌)'이 있다.

윌리엄 포크너의 소설 중에《소리와 분노The Sound and the Fury》라는 작품이 있는데 여기서 'sound'는 의미 없는 소음 같은 소리들을 가리킨다. 작가 포크너는 이 제목을 셰익스피어의 드라마 〈맥베스〉의 한 구절에서 따왔다고 밝혔다. "인생은 걸어가는 그림자……"로 시작되는 맥베스의 유명한 대사는 "인생은 소음sound과 악다구니fury로 가득 찬 무의미한 이야기……"라고 이어진다. 우리 주변은 무수한 소음과 각종 잡음으로 가득 차 있다. 자극적이지 않은 온갖 종류 소리가 섞인 상태를 백색소음이라고도 부르는데 카페 같은 곳이 그러하다.

소음과 잡음들 사이에서 의미 있는 신호를 발견하는 기쁨은, 오랫동안 한 분야에서 꾸준히 연구해온 사람들에게 허락된 특권일 것이다. 천문학은 우주에 퍼져 있는 별빛을 연구하는 학문이다. 천문학자들은 우주에서 지구로 쏟아지는 무수한 전자기파들을 분석한다. 미국의 천문학자 아노 펜지어스와 로버트 윌슨은 1964년에 일정한 파장을 지닌 전자기파가 골고루 퍼진 상태로 지구에 전달되는 현상을 발견했다. 노이즈일지도 모르기 때문에 전파망원경을 깨끗이 청소하고 다시 신호를 분석했는데, 똑같은 패턴이 반복되는 것을 보고 본격적인 분석에 몰두했다. 우주 탄생 초창기의 빛이 차갑게 식어서 우주 곳곳에 퍼져 있는 것을 이 과학자들이 발견한 것이었다. 빅뱅이 남긴 메아리를 130억 년 뒤에 지구에서 처음으로 듣게 된 귀 밝은 사람들이다. 빅뱅의 '지음'이라고나 할까.

우리 몸의 70퍼센트가 물인데 모든 세포에 물이 포함돼 있고, 모든 물에는 수소 원자가 포함돼 있다. 세포들 모양은 다르지만 반드시 물 분자가 포함돼 있으므로, 수소 원자의 상태를 추적하면 세포 모양을 이미지로 구성해볼 수 있다. MRI는 이 원리를 활용한다. 수소 원자 주변에 강한 자석을 가져가면 수소 원자들이 일정한 방향으로 회전축이 도는 세차운동을 시작한다. 팽이가 잘 돌 때는 팽이 회전축이 수직으로 딱 고정돼 있다. 그러다가 팽이의 축이 회전을 하기 시작하면 팽이는 비틀거리며 돈다. 이렇게 회전축이 도는 것을 세차운동이라고 한다. 수소 원자의 세차운동에 주파수를 맞추어 공명시키면 우리가 원하는 신체 내부의 영상을 얻을 수 있다.

이산화탄소를 최초로 발견한 스코틀랜드의 화학자 조지프 블랙(1728~1799)은 열 관련 이론의 최고 학자였다. 그가 글래스고 대학교에 재직 중일 때 만났던 인물 중에 제임스 와트가 있다. 글래스고 대학교에 여러 실험 장비를 만들어 공급하는 기술자였던 제임스 와트는 모르는 점이 있을 때마다 블랙 교수를 찾아가 자문을 구했고 블랙은 이것저것 친절하게 설명해주었다. 와트는 증기기관을 획기적으로 개량하는 데 필요한 이론적 확신을 얻게 된다. 와트는 블랙 교수에게 필요한 새로운 실험 장비들을 만들어주었다. 둘은 주파수가 잘 맞았다. 인간은 늘 타인과 함께 어울려 살아가는 존재이며, 서로 협력할 때 단순한 합 이상의 힘과 효과를 창조해낸다.

좋아하는 사람들끼리 주거니 받거니 하면서 이어지는 대화는 보는 사람도 즐겁다. 공자와 제자들의 대화록인 《논어》 첫 단락에는 "유붕자원방래불역락호有朋自遠方來不亦樂乎"라는 유명한 구절이 나온다. "벗이 멀리서 찾아오니 기쁘지 아니한가"라는 말인데 왜 벗을 '우友'라고 하지 않고 '붕朋'이라고 표현했는지 궁금해서 한자 어원 사전을 찾아본 적이 있다. '우'는 '죽마고우'라는 고사성어에서 알 수 있듯 어린 시절 함께 뛰놀았던 친구를 주로 가리키고, '붕'은 같은 선생님에게서 배운 학우들을 주로 가리킨다고 한다. 그러니 "유붕자원방래불역락호"는 동창생을 오랜만에 다시 만난 기쁨을 표현한 말인 동시에, 같은 선생님에게서 배우는 학우들을 소중히 여기라는 인생 조언이기도 한 것이다. 죽이 잘 맞는 가족이 늘 곁에 있기에, 그리고 멀리 떨어져 있어도 내 맘을 알아주는 벗이 있기에 삶은 기쁘고 즐거우며 살 만한 것이 된다.

아날로그와 디지털

이분법으로 풀 수 없는 복잡다단한 인생사

요즘 사람들은 MBTI 심리검사로 인간 유형을 많이 분류하는 것 같다. 진지하게 받아들이는 사람도 있고 재미로 받아들이는 사람도 있다. 철학자 니체는 인간을 디오니소스적 유형과 아폴론적 유형으로 나누었다. 디오니소스는 술과 연회를 주관하는 신답게 솔직한 감정에 취하는 성격을 상징한다. 그와 달리 아폴론은 냉철하고 이성적인 판단을 중시하는 성격을 상징한다. 아폴론 신을 모시는 델포이 신전 기둥에는 "너 자신을 알라"라는 문구가 새겨져 있었다고 한다. 철학자 소크라테스가 이 문구를 자주 인용했다. 우리가 무엇을 모르는지 먼저 알아야 다음 단계 앎으로 나아갈 수 있다는 조언이다.

우리 안에는 차지하는 비중만 다를 뿐이지 감성과 이성의 두 측면이 늘 공존하는 것 같다. 어찌 보면 감성과 이성은 떼놓을 수 없는 한 몸의 다른 면인지도 모르겠다. 전자기파의 전기와 자기, 시공간의 시간과 공간처럼 말이다. 사람들은 인간 유형을 아날로그형과 디지털형으로 나누기도 한다. 아날로그적 인간이라고 하면 뭔가 오프라인 활동을 온라인보다 선호하고, 연필이나 노트 같은 필기구를 좋아하며, 구식을 선호하는…… 그런 이미지가 떠오른다. 디지털적 인간이라고 하면 첨단 기기를 잘 활용해 자료 정리를 하면서 컴퓨터 프로그램처럼 철저하게 딱딱 맞춰서 사는, 그렇지만 융통성은 눈곱만큼도 없는 기계 같은 인간…… 그런 이미지도 떠오른다.

수학과 물리학 분야에 주로 쓰이는 '이산離散, discrete'이라는 용어가 있다. 이산가족의 '이산'을 연상하면 알 수 있듯, 띄엄띄엄 서로 떨어졌다는 뜻으로 디지털과 의미가 거의 같으며, 연속적인 값에 대비되는 개념으로 쓰인다. 1, 2, 3…… 같은 정수를 연구하거나 논리 연산처럼 비연속적인 대상을 다루는 수학 분야가 이산수학이다.

아날로그는 단절 없이 하나로 이어진 연결된 흐름을 중시한다.

0과 1의 무수한 조합으로 만들어진 디지털 신호라 해도 아날로그적인 속성을 추가로 얼마든지 부여할 수 있다. 전철을 타고 어디로 갈 때 전광판에 다음 정류장 명칭이 표시된다면 그건 디지털적으로 표현한 디지털이지만, 이전 정류장과 다음 정류장 사이를 움직이는 전철 모양 아이콘이 표시된다면 그건 아날로그적으로 구현된 디지털이다. 나는 시침과 분침 주변으로 숫자들이 둥그렇게 배치된 아날로그형 손목시계 형태를 선호하는데 현재 아날로그식으로 시간이 표현되는 스마트워치를 차고 있다. 숫자만 표시되는 디지털 시계는 정확한 현재 시각을 아는 데는 도움이 되지만, 하루 중에 내가 '지금 어디쯤' 와 있는지 아는 데는 아날로그 방식보다 못한 것 같다.

세밀한 부분까지 정확히 아는 데는 디지털이 좋고, 대강의 전체 흐름이나 윤곽을 아는 데는 아날로그가 좋다. 살다 보면 부분을 정확히 파악하는 것이 중요할 때가 있는가 하면, 전체를 먼저 대강 파악하는 것이 중요할 때도 있다. 물론 두 방식 모두 필요하다. 동그란 버튼을 좌우로 돌리면서 음량을 조절하는 아날로그적인 오디오 기기가 있는데 사용자가 알아서 '감'으로 적당한 음량을 정해야 한다. 반면에 리모컨으로 텔레비전 볼륨을 조절할 때는 8, 9, 10……

이렇게 1단위로만 변환이 가능하지 8과 9 사이의 중간값은 없다. 쓰레기봉투를 낱개로 안 팔고 5장이 들어 있는 한 세트로만 판매한다고 해보자. 그러면 우리가 구매할 수 있는 쓰레기봉투는 1장, 2장, 3장, 4장, 6장, 7장…… 이렇게는 불가능하고, 오로지 5장, 10장, 15장, 20장……만 가능하다. 이때는 5장이 최소 단위가 된다. 1묶음, 2묶음, 3묶음…… 이렇게만 시중에 유통된다. 발 사이즈가 정확히 263mm인 사람은 신발 치수 265에 발을 맞추어야 한다. 신발이라는 세계는 5밀리미터 단위로 돌아가기 때문이다. 260 다음은 바로 265라서 그 중간은 없다. 달리 말해 발 길이가 261인 사람과 262, 263, 264, 265인 사람들은 신발이라는 세계 안에서는 모두 같은 취급을 받는다. 신발이라는 세계의 단위값은 5다.

에너지는 연속적으로 이어진 것일까, 아니면 신발처럼 5밀리미터 단위로 뚝뚝 끊어진 것일까? 열은 어떨까. 열은 에너지의 한 형태이므로 같은 이야기이긴 하다. 열을 파는 가게가 있다면 "세 덩어리 포장이요" 하고 주문을 할 수 있을 텐데…… 그런데 불가능할 것 같던 그 일이 실제로 일어났다. 과학의 역사 어느 시점부터 '에너지 한 덩어리'라는 메뉴가 생긴 것이다. 요즘에는 옥상에 태양광 발전 시설을 설치하는 주택이 많다. 태양광 발전 원리는 '광전효과'

라는 것인데, 금속판에 특정한 빛을 쪼였을 때 전자가 튀어나오는 현상을 가리킨다. 전자가 튀어나오면 전기가 생긴다. 아인슈타인에게 노벨상을 안겨준 업적은 상대성 이론이 아니다. 당시에는 상대성 이론의 가치를 평가할 만한 사람이 없었을 것이다. 아인슈타인은 1905년도에 발표한 '광전효과' 연구 업적으로 노벨상을 받았다. 광전효과가 왜 일어나는지 해명한 것인데, 빛 에너지가 하나둘 셀 수 있는 최소 단위로 이루어져 있다는 이론이다.

영국 과학자 토머스 영(1773~1829)은 세로로 좁게 난 두 틈새에 빛을 비추는 실험을 했다. 빛이 입자라면 각각의 틈새를 통과하여 저쪽 벽에 알갱이들이 찍힌 무늬가 두 줄 생겨야 한다. 그런데 관측해보니 실제로는 여러 줄 무늬가 생겼다. 이것은 마치 물결들이 서로 겹쳐지며 새로운 잔물결들이 생기는 것과 같은 간섭 현상으로서, 빛이 파동이라는 명백한 증거였다. 빛이 입자라는 기존의 주장은 자취를 감추었다. 그런데 시간이 지나 아인슈타인의 이 논문을 기점으로 '빛의 파동성'에 밀려났던 '빛의 입자성'이 다시 주목받게 되었다.

금속판에 파장이 긴 전자기파를 쪼이자 아무 반응이 없었고, 전자기파의 세기를 계속 높여봐도 금속판은 아무 변화 없이 요지부동이었다. 전자기파의 세기를 높인다는 것은 책상 스탠드의 밝기를 더 키우는 걸로 이해하면 된다. 빛의 파장(종류)은 같게 유지한 채 양만 키우는 것으로는 변화를 일으키지 못했다. 이제는 똑같은 금속판에 파장이 짧은 전자기파를 쪼이자 전자가 금속판 밖으로 튀어나왔다. 전자기파의 세기가 낮았는데도 전자가 튀어나왔다. 세기를 키우자 더 많은 전자들이 튀어나왔다. 쓰나미 같은 파도에는 꿈적도 안 하다가 잔물결에는 바로 반응을 하다니, 이는 빛을 파동으로만 여겨서는 설명이 안 되는 현상이었다.

공으로 비유해보자. 감마선처럼 파장이 짧아서 진동수가 높은 전자기파는 쇠공에 해당하는 에너지 알갱이를 갖고 있다. 감마선보다는 진동수가 약간 낮지만 가시광선보다는 훨씬 높은 X-선은 당구공 같은 에너지 알갱이를 갖고 있다. 그러니까 물렁물렁한 고무공 같은 가시광선의 에너지 알갱이는 아무리 양을 늘려봐야 계란으로 바위 치기 같은 것이라서 금속판에 빛을 세게 쪼여도 아무 반응이 없었던 것이다. '고무공 100만 개를 벽에 던져봐라, 꿈적을 하나. 그런데 쇠공 하나 잘못 던지면 벽 나갈걸?' 말하자면 그런 원리였다. 빛의 정체는 파장별로 다른 작은 에너지 덩어리, 광자였다. 즉, 빛은 연속된 흐름인 파장처럼 보이지만 자세히 보면 최소 단위인 알갱이로 존재한다. 툭툭 끊어져 있는 것이라 미시 세계는 디지털이다.

아인슈타인은 양자역학을 지지하지 않았으나 역설적으로는 광양자(빛 알갱이) 이론을 정립하여 양자이론이 태동하는 데에 중요한 기초를 만들었다. 기존 물리학은 전자들의 이동 같은 미시 세계의 운동을 전혀 해명할 수 없었기에 새로운 물리학이 필요했다.

아이와 숨바꼭질을 하면 정확히 어디 숨었는지는 알 수 없지만, 어느 범위 안에서 숨었는지는 항상 알 수 있다. '부처님 손바닥'이라는 비유가 그러하다. 손오공이 어느 지점에 있는지는 불확실해도 부처님 손바닥 안에서 논다는 점은 확실하다. 양자역학을 연구하는 물리학자들이 파악하는 전자의 위치도 마찬가지다. 정확한 현재 위치는 모르지만 어느 범위에 분포하는지는 알 수 있다. 전자가 정확히 어디 있는지는 모르지만 출현하는 영역은 알 수 있고 그 영역을 유형별로 나눌 수 있으며, 함수로도 표현할 수 있다. 함수란 입력값과 출력값이 일정하게 대응하는 관계를 가리킨다.

상자 안을 눈으로 확인하기 전까지 고양이는 죽은 것도 아니고 산 것도 아니라는 그 유명한 '슈뢰딩거의 고양이' 역설처럼 우리가 확인하기 전까지 전자는 미결정 상태로 존재한다고 하는데, 아무리 이해를 하려고 해도 여전히 어렵기만 하다. 이 '슈뢰딩거의 고양이' 비유는 오스트리아의 물리학자 에르빈 슈뢰딩거(1887~1961)가 양자역학의 한계를 지적하고 비판하려고 고안한 것인데 대중적으로는 오히려 양자역학의 오묘한 신비를 대변해주는 상징이 돼버렸다.

양희은이 부른 노래 〈상록수〉는 작곡가 김민기가 원래 결혼 축하곡으로 만든 거였는데 투쟁심을 고취하는 비장한 노래가 되었다. 이렇게 원래 의도와는 반대로 사용되는 것들이 왕왕 있다. 사람들이 조롱하려고 붙인 별명이 인기를 얻어, 당사자가 오히려 그 별명으로 자기를 소개하는 경우를 종종 본다. 우주 탄생의 정설인 빅뱅이론의 '빅뱅'(굳이 옮기면 '커다란 펑')이라는 말은 영국 천문학자 프레드 호일(1915~2001)이 빅뱅이론의 허무맹랑함을 비웃으며 사용했던 표현이다. 무척 강렬했던 어감 덕에 새로운 학설의 명칭은 차차 '빅뱅이론'으로 굳어졌다.

전자처럼 작은 입자들의 세계에는 우리가 보는 세상과는 다른 물리 법칙이 적용되는 것 같다. 세상을 꿰뚫는 한 가지 물리 법칙은 아직 발견되지 않았다. 과학사에서 기적의 해라면 위대한 발견이 쏟아진, 뉴턴의 1666년과 아인슈타인의 1905년을 가리킨다. 기적 같은 업적들을 이룬 이 위대한 두 과학자들에게는, 오랜 세월 동안 연금술에 빠져 만물의 근본 입자를 찾으려고 애썼다가 실패한 경험과, 역시 오랫 동안 거시 세계와 미시 세계를 아우르는 통일 법칙을 찾으려고 애썼다가 실패한 경험이 각각 있다. 우리가 해명할 수 없는 영역은 너무나 넓다. 과학이 내린 잠정적 최신 결론은 세상에 확실한 것은 아무것도 없다는 점이다. 그것을 허무하게 받아들일 필요는 없을 것 같다. 차차 해결해나가는 게 우리 인류의 방식이니까 말이다.

연속된 것처럼 보이는 영화 장면도 실은 수많은 정지 화면들을 빠르게 돌린 것이다. 우리 인생은 이음매 없는 매끄러운 유선형 곡선처럼 이어져 흐르는 것 같지만, 가까이 들여다보면 깨지고 단절된 수많은 조각과 파편들이 보일 것이다. 인생은 '예/아니오'로 해명하기 어려운 문제들이 숱하게 쌓여 있고, 닥쳐온다. '글쎄요'가 때로 필요하고 '잠시만요'도 숱하게 필요하다. 이렇게 보면 이것도 맞고, 저렇게 보면 저것도 맞다. 디지털로 이루어진 삶의 각 장면들과 사건들을 우리는 거의 실시간에 가깝게 이어붙인다. 그리고 개연성 있게 아날로그적으로 해석하여 '인생'이라는 생방송 영상을 실시간으로 내보낸다. 인생에는 딱 떨어지는 정답이 없다. 인생은 지극히 넓은 데다 깊고 오묘하며, 그래서 살 만한 가치가 있다.

현대 문명의 기반, 반도체

●

이진법은 경우의 수가 둘 중 하나만 있다고 간주하는 숫자 표기법이다. Yes 아니면 No, 선택지는 둘 중 하나다. 이 두 가지 경우의 수를 복잡하게 결합하면 프로그램 명령이 된다. 디지털의 원리를 거슬러 올라가면 선구자인 영국의 수학자 조지 불George Boole을 만나게 된다. 수천 년 동안 아무도 의심하지 않았던 아리스토텔레스의 삼단논법에 오류가 있음을 처음으로 밝힌 인물이다. 삼단논법의 경우의 수 256가지를 수학적 연산 기호로 대체한 다음 연산이 성립하지 않는 것을 찾아냈다. 인문학과 일상 영역의 언어생활에서는 확인하기 어렵기 때문에 그동안 아무도 알아채지 못했지만 형식상 틀린 부분은 분명히 존재했다.

조지 불이 창안한 논리 체계에 기반을 두고 있는 디지털 신호는 0과 1, 이 둘로 이루어져 있다. 어떤 명령을 실행하는 것은 1, 실행하지 않는 것은 0이다. 이진법을 쓰면 생일 케이크의 초는 7개면 충분하다. 촛불이 켜진 것을 1, 꺼진 상태를 0으로 보면 0000001(1세)부터 1111111(127세)까지 표현할 수 있다.

트랜지스터는 0과 1인 이 신호를 제어할 수 있는 장치다. 전구의 전원을 켜고 끄는 전자 스위치를 만든다면 트랜지스터 하나가 필요하다. 그런데 켜고 끄는 기능 외에 깜빡이는 기능을 더 넣고 싶다면 경우의 수가 늘어나야 하니까 트랜지스터가 하나 더 필요하다. 기능이 복잡하고 명령어가 많아질수록 트랜지스터 수도 많아져야 하는데, 기술의 발전과 더불어 트랜지스터는 우리 눈에 안 보일 정도로 작아졌고 면적당 사용 가능한 수도 점점 많아졌다. 무수한 프로그램의 명령을 실행해야 하는 스마트폰에는 트랜지스터가 약 2억 개나 필요하다고 한다. 신형 애플 아이맥 컴퓨터에는 트랜지스터 160억 개가 들어간다.

눈에 보이지도 않는 작은 트랜지스터들이 빽빽하게 심어져 있는 회로판을 '반도체집적회로'라고 부른다. '집적'이란 빽빽하게 심어져 있다는 뜻이다. 원래 반도체란 전기가 반쯤 통하는 물질을 가리키지만 우리가 보통 반도체라고 부르는 것은 디지털 장치인 이 반도체집적회로를 가리키는 경우가 대부분이다.

전기가 통하는 물질을 도체라고 부른다. 전기가 반만 통하는 대표적인 물질이 실리콘(규소)이다. IT의 성지라고 할 수 있는 미국 캘리포니아의 실리콘밸리 이름에 '실리콘'이 들어가 있는 건 그 실리콘을 재료로 반도체 집적회로를 만들고, 그 집적회로가 IT 산업을 굴러가게 하기 때문이다. 디지털 신호를 읽으려면 전기를 통하게도 하고 통하지 않게도 제어해야 하기 때문에 전기가 반만 통하는 물질인 반도체를 집적회로의 재료로 쓰게 된 것이다.

반도체 하면 삼성전자나 SK하이닉스 같은 회사들이 떠오른다. 반도체 생태계에는 이들 대기업뿐 아니라 수많은 회사들이 연결돼 있다. 삼성전자나 SK하이닉스처럼 설계부터 제작까지 전부 다 하는 회사도 있고, 퀄컴이나 엔비디아, 애플처럼 반도체 설계만 하는 회사도 있으며, 대만의 TSMC처럼 생산만 하는 회사도 있다. 그리고 이들 거대 기업들에 설비와 부품을 공급하는 크고 작은 수백 개 회사들이 있다. 반도체는 첨단 장비에만 들어가는 것이 아니라 어린이 장난감, 전기밥솥 등 전기 신호를 사용하는 모든 제품들에 들어가야 하기 때문에, 반도체 제작과 유통은 단순히 반도체 제작 회사들만의 문제가 아니라 우리 일상생활 전반에 관한 문제라고 할 수 있다.

반도체를 만드는 공정은 크게 8단계로 나뉜다. 반도체 하나를 만드는 데 이렇게 여러 공정이 필요하구나 하는 정도로만 읽어주기 바란다.

- 웨이퍼 공정: 동그란 실리콘 원판 제작

- 산화 공정: 원판에 산화막을 입혀서 오염 방지

- 포토 공정: 사진을 찍고 현상하듯 빛으로 회로 촬영

- 식각 공정: 불필요한 부분을 깎아냄

- 증착 공정: 효율을 높이려고 회로를 층층이 쌓음

- 배선 공정: 전기가 통하도록 전선을 배치

- 테스트 공정: 전기 신호가 잘 통하는지 확인

- 패키징 공정: 용도에 맞게 반도체 편집

첫 단계인 웨이퍼 공정은 애국가 영상에 어김없이 나온다. 하얀 옷과 모자, 마스크, 장갑을 단단히 챙겨 입은 반도체 회사 직원들이 둥그런 원판을 들고 이리저리 살펴보는 장면이 낯설지 않을 것이다. 우리나라가 반도체 강국이라서 그런지 유독 그 영상이 자주 나오는 것 같다. 그 둥그런 원판을 웨이퍼라고 부른다. 미국 대통령이 이 웨이퍼를 손에 들고 뭔가 설명하는 장면이 여러 매체에 보도된 적이 있는데, 실제로는 절대 만지면 안 된다. 웨이퍼에는 먼지 한 톨만 묻어도 바로 불량이 나는데, 손가락으로 집는다면 그냥 즉시 폐기해야 한다.

먼지의 크기는 마이크로미터(㎛) 단위지만 반도체 공정은 그보다 훨

썬 미세한 나노미터(nm) 단위를 다룬다. 실생활과 관련되는 첨단 제품은 대부분 나노미터 규모의 부품들로 이루어져 있으므로 나노미터라는 단위에 대한 개념을 세워두면 두루 유익할 것 같다. 자, 상상해보자. 머리카락 한 가닥을 세로로 가늘게 100가닥으로 쪼갠다. 그게 어떻게 가능할지는 모르지만 그냥 그렇다 치고 상상을 해보자. 그 한 가닥의 굵기가 1마이크로미터다. 그러니까 1마이크로미터도 엄청 미세한 단위인 것이다. 머리카락 한 가닥을 세로로 1/100로 쪼갠 그 미세한 한 가닥을 다시 세로로 1000가닥으로 쪼개자. 그 한 가닥의 지름이 1나노미터다. 1m의 1/1000이 1mm, 1mm의 1/1000이 1㎛, 1㎛의 1/1000이 1nm다. 수소 원자의 지름이 0.1nm 정도 된다.

먼지 한 톨의 지름은 머리카락의 반 정도로 50㎛ 정도 된다. 미세먼지는 10㎛ 정도다. 반도체 회로 폭의 몇만 배다. 나노 단위의 반도체 공정에서 마이크로미터 단위의 먼지 한 톨이 웨이퍼에 묻는 것은, 비유하자면 아파트를 짓고 있는데 공사장에 거대한 운석이 떨어지는 것과 비슷해서 그야말로 엉망진창이 된다. 웨이퍼를 손으로 잡으면? 웨이퍼에 건설되고 있는 신도시의 대규모 아파트 단지 하나가 즉시 소멸되는 거나 다름없다.

웨이퍼 원판의 재료는 실리콘(규소)이다. 쉽게 구할 수 있는 풍부한 물질인 모래에 실리콘이 많이 들어 있다. 모래에서 실리콘을 뽑아낸 다음 덩어리로 만들고 이 덩어리를 규격에 맞게 원기둥으로 만든 다음 아주 얇게 썬 것이 웨이퍼다. 산화 공정은 웨이퍼에 산소막을 입혀서 불순물 침투를 막는 것이 목적이다. 포토 공정은 회로를 그리는 과정이다. 복잡한 명령을 실행하려면 복잡한 회로가 필요하다.

포스트잇 한 장에 0.7mm 모나미 볼펜 대신 0.38mm 하이테크 볼펜으로 적으면 더 많은 글자들이 깨알처럼 채워질 것이다. 반도체 포토 공정도 그러한데, 회로의 선을 좁히면 좁힐수록 더 작은 공간에 더 빽빽하게 회로를 채워 넣을 수 있다. 그런데 회로 선을 무엇으로 그리냐 하면, 자외선으로 그린다. 강한 에너지를 지닌 자외선을 기판에 쪼이면 무늬가 생기고 이 무늬에 회로를 입힌다. 자외선을 살균 장치에 많이 사용하는 것은 균을 죽일 정도로 강하지만 물체에 손상까지는 안 입힐 정도로만 강한 전자기파라서 그렇다. 항생제와 비슷한 점이 있는 것 같다.

의사보다 더 많은 생명을 구한 과학자라고 종종 소개되는 프랑스 생물학자인 루이 파스퇴르는 인간의 질병 대부분을 병균이 옮긴다는 점을 알아냈다. 원인이 밝혀지자 동시대의 생물학자들은 병균을 없애는 물질을 찾는 데 몰두했다. 그런데 어떤 물질을 찾아서 몸 안의 병균을 죽여 없애면 인체에도 해롭다는 점이 늘 걸림돌이었다. 영국의 생물학자 알렉산더 플레밍은 인체에 해가 적으면서 균은 죽일 수 있는 물질을 찾아냈다. '페니실린'은 이 물질이 발견된 푸른곰팡이의 학명에서 따온 이름이다. 페니실린의 혁신적인 등장을 계기로 지금까지 꾸준히 더 좋은 항생제들이 개발되고 있다.

자외선 이야기를 하다가 샛길로 빠졌는데, 반도체 회로를 그릴 때 자외선이 중요하다는 말을 하던 중이었다. 사진을 찍고 현상하는 과정과 비슷하기 때문에 이름 붙여진 '포토 공정'에 필수적인 약품이 '감광액(빛에 반응하는 액체)'이라고도 부르는 '포토레지스트'다. 자외선에 반응하여 회로의 기본 구조를 그릴 수 있도록 도와준다. 예전에는 일본 회사들이 거의 독점적으로 공급했는데, 일본이 우리나라에 일방적으로 수출 제한 조치를 해버리는 바람에 하는 수 없이 국내 자급 생산을 추진하게 됐고, 현재는 기술 자립을 이루었다.

식각은 용어가 좀 딱딱한데 깎아낸다는 뜻이다. '침식'의 '식'과 '조각'의 '각'이다. 회로도를 그린 다음에 불필요한 부분을 섬세한 공정으로 제거한다. 증착 공정은 회로를 위로 착착 쌓는 공정이다. 땅값이 너무 비싸면 고층 건물을 올리기 마련인데 이와 같은 원리다. 얼마나 오차 없이 잘 쌓아 올리느냐가 관건이다. 배선 공정은 실제로 회로에 전기가 통하도록 전선을 까는 일인데, 주로 알루미늄을 사용한다. 이제 '테스트와 패키징 공정'이 남았다. 테스트 공정에서는 완성 직전에 전기가 잘 통하고 신호가 잘 제어

되는지 시험한다. 패키징 공정에서는 반도체의 용도에 맞게 잘라내고 편집하여 완제품으로 포장한다. 제품에 각 회사들의 로고가 찍히는 단계다.

반도체 생산과 수급에 차질이 생기면 굴러가던 세계가 덜컹거리거나 잠시 멈춘다. 반도체가 부족하면 자동차 생산 라인도 멈춘다. 잘 보도되지 않지만 반도체 수급이 잘 안 되면 장난감이나 소형 가전을 만드는 중소기업들이 먼저 망한다. 반도체는 반도체 8대 공정에 관련된 회사들만의 문제가 아니라 인류 전체의 문제다. 그래서 더 효율성 높은 반도체 재료를 만들기 위해 많은 과학자들이 노력하고 있다. 연구자들은 인간의 신경 세포인 뉴런을 본뜬 새로운 구조의 반도체를 개발 중이다. 인간의 신경 세포는 아주 적은 에너지로 아주 많은 일을 처리하는데 이 작동 원리를 본뜨고자 하는 것이다. 기초과학 연구의 성과는 시간이 흘러 응용과학 분야로 넘어가고, 그다음에 상용화 제품 생산으로 이어지며 우리 삶을 바꾼다. 과학 지식은 이렇게 우리가 사는 세상과 삶에 모두 연결되어 차례로 영향을 끼친다.

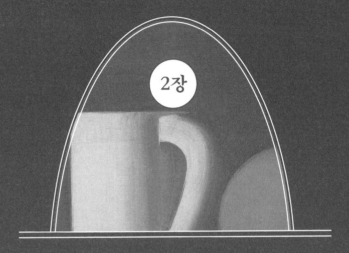

2장

시간과 공간

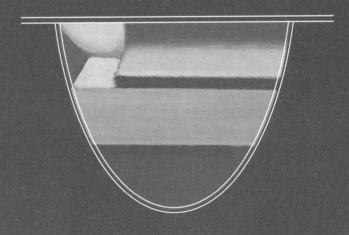

상대성 원리

보는 관점에 따라 달라 보이는 인생의 오묘함

초등학생 아들과 병원에 갔는데 대기실 TV에 당뇨병 이야기가 나왔다. 나는 당뇨병이 에너지의 원료인 포도당을 몸이 흡수하지 못해서 생기는 병이라고 설명했다. 에너지로 써야 할 포도당을 잘 흡수하지 못하면 피 안에 포도당이 너무 많이 남게 되는데 그 아까운 포도당들이 결국 오줌으로 다 배출돼 버린다. '당뇨'가 '포도당 오줌'이라는 말이다. 내가 생각해도 참 쉽고 깔끔한 설명이라서 아들한테 척척박사님이 된 듯한 뿌듯한 마음이 들었다. 그런데 아들이, 할아버지 할머니가 당 떨어진다며 사탕을 드시는 걸 봤는데, 당이 너무 많다면서 왜 또 당을 드시는 거냐고 물었다. 나는 대답하지 못했다.

일껏 방금까지 잘난 척을 하고서는 모르겠다고 바로 말하려니 민망한 마음마저 들었다. 당뇨 환자에게는 포도당을 에너지원으로 바꿔주는 호르몬인 인슐린이 부족하다. 그래서 주사 등으로 인슐린을 주기적으로 공급해줘야 한다. 당뇨 환자는 보통 고혈당이지만 때로 몸이 인슐린을 너무 많이 받아들이면 한꺼번에 당이 많이 배출되어 일시적으로 저혈당 증세가 오기도 한다. 그래서 당뇨 환자가 장시간 외출을 할 때는 응급식품인 사탕, 설탕, 꿀, 요구르트 등을 준비하는 것이 좋다. 여기까지가 아들의 질문에 막혔던 부분을 추가로 정리한 당뇨병 상식이다.

좋은 질문은 더 나은 지식을 이끌어내는 힘을 지닌 듯하다. 질문을 해보자. 물체는 정지한 상태가 자연스러운 것일까, 아니면 계속 움직이는 상태가 자연스러운 것일까? 고대 그리스의 철학자 아리스토텔레스는 모든 물체는 움직이다가 결국 멈추게 되므로 정지 상태가 물체의 본성이라고 생각했다. 우리가 딛고 있는 땅은 정지한 상태이므로, 즉 가장 자연스러운 상태에 있으므로 주변 하늘이 우리를 기준으로 빙글빙글 돈다고 여겼을 것이다. 갈릴레이는 움직이는 물체에 따로 멈추는 힘을 가하지 않으면 움직이던 물체는 영원히 움직일 거라고 생각했다. 눈앞에 보이는 현상이 아니라, 그 현상의 배후를 생각했던 것이다. 인위적인 힘을 가하지 않으면 움직이던 물체는 계속 움직이는 것이 자연스러우므로 지구 역시 일정하게 계속 움직이고 있는 중이라고 여겼을 것이다. 아리스토텔레스가 '왜 멈추는가?' 하고 물었다면 갈릴레이는 '왜 안 멈추는가?' 하고 물었기에 올바른 원리를 본 것이다.

갈릴레이가 지은 《대화》라는 책에는 천동설을 대변하는 심플리치오라는 인물이 등장하는데 저자인 갈릴레이가 '심플리치오'라는 이름을 쓴 데는 두 가지 이유가 있다. 하나는 생각이 '단순(심플)'하다는 걸 비판하는 것이고, 다른 하나는 아리스토텔레스를 연구했던 저명한 주석가의 이름인 '심플리치오'를 등장시켜서 아리스토텔레스의 세계관을 비판하는 효과를 거두기 위함이었다. 이런 걸 '일타쌍피'라고 하던가. 여하튼 지구는 돈다. 일정한 속도로 돌며 태양 주위를 회전한다. 그 태양도 돌면서 은하계 중심을 따라 회전한다. 그 은하계도 돈다. 우주에서 정지한 물체는 없다. 가만히 있는 물체도 그 물체를 포함한 더 커다란 물체가 돌고 있다면 같이 움직이는 것이다. 신기한 점은 아무리 빠르게 움직이는 물체에 올라타도 그 물체가 일정한 속력으로만 움직이고 있다면 마치 정지한 것처럼 느껴진다는 것이다.

고대인들이 땅 위에서 살아가면서 지구의 움직임을 느끼지 못했던 것도 바로 일정한 속력으로 지구가 운동하기 때문이었다. 같은 속력으로 움직이는 것, 즉 등속운동이 일어나는 곳에서는 어떤 상황에서든 똑같은 물리 법칙이 적용된다. 빠르게 이동하는 KTX 안에서 사과를 위로 던지면 던진 지점보다 뒤에 떨어지는 것이 아니라 제자리에 그대로 떨어진다. 같은 속력으로 이동하는 물체 위에서는 정지한 물체 위에서와 똑같은 물리 현상이 일어난다. 지구는 어마어마하게 빠른 속력으로 회전하고 있다. 그런데 지구 위에 살고 있는 우리는 그것을 전혀 느낄 수 없다. 비행기가 이륙할 때는 제트엔진이 켜지면서 속력이 갑자기 높아지고 몸이 뒤로 쏠리는 느낌이 들지만, 일정한 높이까지 올라가서 안전벨트 좌석 표시등이 꺼지고 움직여도 좋다는 안내 방송이 나올 때쯤이면 비행기는 일정 속도로 자동 비행을 하는 중이어서, 창밖을 보지 않으면 비행기 안은 언뜻 정지한 상태와 구별이 되지 않는다. 복도를 돌아다닐 때도 지상에서와 비슷하다.

같은 일을 일정한 속력으로 계속 반복하다 보면 마치 시간이 멈춘 것 같은 착각이 들 때가 있다. 장거리 행군처럼 일정한 보폭으로 걷고 또 걷다 보면 내가 길을 가고 있는 건지 서 있는 건지 무념

무상의 혼란한 정신 상태가 될 때도 있다. 그도 그럴 것이 같은 속력으로 진행되는 등속도 운동과 정지 상태에는 동일한 물리 법칙이 적용되기 때문이다. 이것이 갈릴레이가 발견하고, 아인슈타인이 상대성 이론을 정립할 때 밑바탕이 된 '상대성 원리'다.

올림픽 동메달리스트의 표정은 은메달리스트의 표정보다 항상 밝다. 동메달리스트는 올림픽 마지막 경기에서 이긴 선수인 반면, 은메달리스트는 올림픽 마지막 경기에서 진 선수이기 때문이다. 희로애락도 상대적이다. 치과용 의료 제품을 만드는 회사인 오스템임플란트의 직원이 거액의 회삿돈을 횡령하면서 한동안 주식거래가 정지된 적이 있었다. 이 회사의 주식을 보유한 수많은 투자자들이 날벼락을 맞았다. 그런데 공교롭게도 그다음 날부터 갑자기 경기 불황이 시작되면서 주식시장의 주가지수가 계속 하락하기 시작했다. 거래가 전혀 일어나지 않는 오스템임플란트의 시가총액 순위는 아이러니하게도 점점 더 높아졌다. '웃프다'는 유행어가 잘 들어맞는 현상이 일어났다. 남들이 돈을 흥청망청 쓸 때 나만 아낀다면 나만 돈을 버는 셈이 된다. 우리가 가만히 있는 상태에서 물체가 이쪽으로 오는 것과, 물체는 가만히 있고 우리가 저쪽으로 가는 것은 물리적으로 동일한 현상이다.

역에 정차한 기차에 앉아 있을 때, 반대 방향으로 가는 맞은편 기차가 움직이면 마치 우리 기차가 앞으로 스르르 출발하는 듯한 착각이 들 때가 있다. 운동은 상대적이기 때문이다. 저기서 친구가 나를 향해 엄청 빠른 속도로 날아오고 있다(그냥 날아온다 치자). 그런데 그 친구 위에 올라탄 다른 친구(그냥 올라탔다고 치자) 입장에서는 내가 자기들한테 엄청 빠른 속도로 다가오는 것처럼 느껴질 것이다. 한 눈을 감고 저 멀리 떨어진 친구의 키를 엄지와 검지로 어림해본다. 1센티미터 정도 되는 것 같다. 그런데 저 멀리 떨어진 친구도 지금 나를 엄지와 검지로 어림하는 중이다. 1센티미터 정도 되는 것 같다. 뭐가 맞는 걸까. 상대적으로 보면 둘 다 맞다. 같은 현상이다.

어느 날 갑자기 허리가 삐끗해서 제자리에 털썩 주저앉고 말았다. 그러고는 고대로 누워서 통증을 견뎌가며 밤을 지새웠다. 아침까지 호전이 되지 않아 태어나 처음으로 구급차에 실려가 종합병원 응급실에 가보았고, 진통제가 인류의 복지에 왜 중요한지도 알게 되었다. 디스크 판정을 받고 나서 몇 달간 재활치료를 받으며 몸을 겨우 회복했다. 그때가 2014년쯤이었는데 그 후로 별 탈 없이 잠잠하다가 그로부터 8년 뒤인 2022년 어느 봄날 출장 가려고 현관을 나서다가 디스크가 재발하고 말았다. 8년 전 그날처럼 누워서 옴짝달싹 못 하는 상황이 돼버렸다. 모든 외부 일정을 취소하고 침대에서 거의 모든 것을 해결하는 생활이 시작되었다.

옆으로 몸을 돌리는 것조차도 버거웠다. 거의 아무것도 하지 못하게 되면서 먼저 들었던 생각은 '화장실엔 어떻게 가지?' 하는 거였다. 아내와 아들이 집에 있을 때 도움을 받으면 되지만, 아무리 한 식구라도 화장실만큼은 혼자 가고 싶은데 혼자선 움직일 수가 없으니 배변 신호가 오는 것이 두려워졌다. 혼자서 아무것도 하지 못하는 상황이 암울했고 짜증이 났다. 아, 이런 게 누적되면 우울증이 올 수도 있겠구나……. 평소에 활발하던 대장 활동이 그래도 잠잠한 것이 그나마 다행스럽고 고마웠다. (이때 조금씩 참았던 것이 누적되어 추후 극심한 변비의 고통을 겪게 된다. 인생에 공짜는 없다.) 소변 신호는 어쩔 수 없이 곧 들이닥치고 말았다. 다음 날 아침에 소변을 보려고, 침대에서 변기까지 기껏해야 평소 열댓 걸음밖에 안 되던 거리를 낮은 포복 자세로 10분 넘게 낑낑대면서 다녀왔는데, 혼자 힘으로 소변을 봤다는 사실이 감격스러웠고 감사한 마음마저 들었다. 오줌 눈 것만으로 작은 행복이 느껴졌다. 이런 게 원효대사님의 깨달음이던가!

돌아오는 길은 견딜 만했다. 10분만 기어가면 편히 쉴 수 있는 곳이 있으니까 힘내자…… 그러면서 고통을 버텼다. 역시 삶에서는 달성 가능한 목표 설정이 중요하다. 침대에 다시 누워서 정신을 차린 다음 생각해보았다. 발상을 바꿔보자. '아무것도 못하고 이렇게 누워서……'라고 여길 것이 아니라 '누워서 할 수 있는 일이 뭐가 있을까?' 하고 말이다. 의자에 앉지 못하니 필기도 못 하고 컴퓨터도 쓸 수 없지만, 작품 집필에 필요한 일을 아예 못하는 건 아니다. 허리가 온전하지 않을 뿐이지, 정신은 멀쩡하니까 머릿속으로 여러 가지 상상을 펼칠 수 있다. 좋은 팟캐스트 방송을 누워서 눈 감고 청취하면서 여러 구상 작업도 할 수 있다. 핸드폰도 곁에 있고 스마트워치도 차고 있으니 좋은 문장이나 표현이 떠오를 때마다 음성 받아적기 기능을 활용해 자료를 남겨두었다가 나중에 컴퓨터 사용이 가능해지면 정리해도 괜찮을 것이다.

이렇게 여러 가지 할 수 있는 일들을 떠올려보니 생각보다 할 수 있는 게 많았다. 이가 없으면 잇몸으로 하면 되고, 상황이 최선이 아니라 해도 주어진 상황을 고려해 할 수 있는 일을 하면 되는 것이다. 그렇게 생각하고 나니까 몸은 아프지만 마음이 좀 차분해지고 위안이 되었다. 누워서 요양을 하면서 원소주기표를 외웠다. 책상에서 책을 읽으며 노트 정리를 하거나 장시간 컴퓨터 작업이 가능했던 호시절에는, 할 일도 많은데 뭐 굳이 그런 것까지 외울 필요가 있나 하며 무시했던 것인데, 책상 작업이 힘들어진 이때가 기회다 싶어서 평소에 늘 다른 일들에 우선순위가 밀렸던 그 암기 작업을 얼떨결에 완수한 것이다. 한 치 앞을 모르고 새롭게 펼쳐지는 인생사가 참으로 묘한 것 같다. 상대성은 인생의 진리요, 우주 법칙이다.

특수 상대성 이론

달라 보였던 것들이 하나였음을 깨달았을 때의 벅찬 희열

아인슈타인의 상대성 이론이 실린 논문 제목은 〈이동하는 물체의 전기역학에 관하여〉다. 조금 이해하기 좋게 달리 표현하자면 '움직이면서 세상을 보면 어떻게 보일까?' 하는 문제를 다룬다. 상대성 이론을 이해하기 어려운 것은, 일단 그 내용이 우리 상식과 너무 어긋나기 때문인 것 같다. 우리는 시간과 공간이 별개로 존재하는 어떤 것이라고 여기고, 시간이 누구에게나 똑같이 주어져 있으며, 공간 역시 누구에게나 똑같이 펼쳐져 있다고 여긴다. 시간은 시간이고 공간은 공간이다. 이렇게 오래 이어져 온 우리의 상식을 아인슈타인은 모두 부정하고 과감한 발상전환을 통해 결국 올바른 법칙을 찾아냈다.

빠르게 이동하는 물체의 시간이 지연되고 공간은 수축된다든지(특수 상대성 이론) 중력이 강한 곳에서는 시간이 느리게 흐른다든지(일반 상대성 이론) 하는 현상들을 우리 상식으로는 도무지 이해하기 어렵고 상상하기도 힘들다. 아인슈타인 이론은 광속을 기준으로 모든 것이 해명되기 때문에, 우리가 살면서 보는 가장 빠른 물체가 총알이나 전투기 정도라는 점을 감안하면, 시간 지연이나 공간 수축 등을 확인하는 일은 가능하지가 않다. 인간이 만든 가장 빠른 유인우주선이 시속 40,000km인데 과학 기술이 비약적으로 발전하여 시속 100,000km인 우주선을 개발했다고 치자. 그래 봐야 빛의 속력의 1/10000, 즉 0.0001퍼센트라서 이 정도로는 시간 변화를 전혀 체감할 수 없다.

우주에서 빛보다 빠른 것은 없다. 빛의 속력으로 날아가면 1초에 지구를 7바퀴 반이나 돌 수 있다. 빛의 속력을 계산하려고 두 산등성이에서 등불과 거울을 들고 실험을 했던 갈릴레이를 떠올려보자. 1초에 지구에서 달까지 이동하는 빛의 속력을 감안하건대 그 실험으로 빛의 속력을 알아낼 턱이 없다.

두 열차가 같은 속력으로 나란히 달리는 경우, 창밖을 보면 열차가 정지해 있는 듯한 착각이 든다. 시속 100km로 달리는 자동차로

200km로 달리는 고속열차 옆을 나란히 지나면 고속열차 속력이 시속 100km로 느껴질 것이다. 시속 100km로 달리는 자동차 위에서 시속 100km로 공을 앞으로 던지면, 관찰자 입장에서 그 공은 시속 200km처럼 보일 것이다. 이렇게 속력에는 덧셈 또는 뺄셈이 적용되는 것이 상식이다. 그러면 빛의 속력으로 날아갈 수 있다 치고, 빛의 속력으로 날아가면서 다른 빛을 바라보면 그 빛은 옆에서 나란히 날아가는 것처럼 보일까? 마치 나란히 달리는 기차가 정지한 듯이 보인 것처럼 빛도 그렇게 보일까? 아인슈타인 박사가 16세 때부터 품었던 호기심이라고 한다. 소년기의 호기심을 어른이 돼서도 잃지 않고 끝내 스스로 답을 찾아냈으니, 식상한 표현이긴 하지만 아름다운 인간 승리라고 해야겠다.

이런 것은 어떨까. 지구가 태양에서 멀어질 때 지구를 향해 쫓아오는 태양빛의 속력을 재고, 지구가 태양과 가까워질 때 지구를 향해 돌진하는 태양빛의 속력을 잰 다음 비교하면, 차이가 나야 하지 않을까? 이런 비슷한 실험들이 자주 이루어졌으나 결과는 항상 같았다. 빛의 속력은 조건과 상관없이 항상 같았다. 빛은 빛의 속력으로 날아가며 보아도 빛의 속력을 유지한다. 그런데 빛의 속력이 항상 일정하다는 이 믿기 힘든 사실을 대전제로 삼았더니, 시공간 개념이 새롭게 정립되었다. 시간과 공간은 딱 정해진 것이 아니었으며, 불변하는 광속을 기준으로 삼았을 때 신축성 있게 늘어나기도 하고 줄어들기도 하는 개념이라는 점이 밝혀진다.

우리는 일상에서 '특수'와 '보편'이라는 말을 종종 쓴다. 특별한 경우에 특수라는 말을 쓰고 두루두루 넓게 미칠 때 보편이라는 말을 쓴다. 살아가면서 서로 다른 특수한 사례들을 경험하면서 차츰 보편성을 깨닫게 된다. 아인슈타인 이론도 그 순서와 비슷하다. 상대성 이론은 특수 상대성 이론과 일반 상대성 이론으로 구성되는데, 특수한 조건에서만 적용되는 특수 상대성 이론이 먼저 나왔고, 모든 조건에서 두루 적용되는 일반 상대성 이론이 나중에 나왔다. 움직이는 물체의 시간이 느리게 흐른다는 것은 특수 상대성 이론이 밝힌 원리다. "움직이는 물체의 시간은 느리게 흐른다." 특수 상대성 이론을 집약한 이 간단한 표현에는 어려운 단어가 없지만, 그 문장에 담긴 의미를 이해하기는 쉽지 않다. 설명을 조금 덧붙여보자. "관찰자가 보기에, 정지한 이쪽의 시간보다 움직이는 저쪽 물체의 시간이 느리게 흐르는 것처럼 보인다." 여전히 어려운 것 같다.

아인슈타인 이론이 틀린 적은 없지만, 이 이론을 우리가 살면서 직접 확인하기는 어렵다. 빠르게 움직이는 물체의 시간이 더 느려진다는 것은 적어도 광속에 견줄 만한 고속의 물체에서나 확인할 수 있기 때문이다. 광속에 견준다는 것은 어느 정도일까. 우리는 아주 빠른 것을 비유할 때 '총알처럼'이라는 표현을 사용한다. 총알의 속력은 고속열차의 10배인 시속 3,500km인데, 빛의 속력인 시속 11억km에 견주어보면 0.000003퍼센트밖에 안 된다. 움직이는 물체의 시간이 느려지는 것을 우리가 느끼려면 적어도 광속에 견줄 만한 속력이 돼야 할 텐데, 광속의 60퍼센트에 육박하는 속력으로 날아가야 시간이 겨우 1.2배 늘어나는 것을 확인할 수 있을 것이다.

뮤온이라는 작은 물질이 있다. 뮤온은 우주 공간의 광선들이 지구로 쏟아져 내릴 때 대기권의 입자들에 부딪쳐서 잠깐 생겼다가 사라지는 입자다. 생겼다가 사라지는 시간은 하루살이만도 못해서 고작 100만 분의 2초에 불과하다. 정교한 실험 장치로나 측정할 수 있지 우리는 느낄 수 없는 너무 짧은 찰나의 시간이다. 대기권 진입부터 지표면까지 대략 60km, 즉 60,000m 정도 된다. 뮤온은 빛의 속력에 버금갈 만큼 무지무지 빠르지만 수명이 너무 짧아서 600m를 이동하고 나면 소멸된다. 지표면까지 6만 미터를 가려면 적어도 100배는 더 버텨야 하는데 지속 시간이 너무 짧다. 그런데 괴이한 일이 벌어졌다. 지표면에 수없이 많은 뮤온이 발견된 것이다. 도저히 일어날 수 없는 일 아닌가?

해답은 특수 상대성 이론 속에 있었다. 광속이 일정할 때 시간은 공간에 영향을 미치고 공간은 시간에 영향을 미친다는 것이 특수 상대성 이론의 내용이다. 따라서 매우 빠르게 움직이는 물체를 관찰할 때 우리가 보기에 그 물체의 시간이 느려지는 것처럼 느껴진다. 우리는 그대로인데 저쪽의 시간은 느리게 흐른다니 상식으로는 도무지 납득하기 어렵지만, 특수 상대성 이론에 따르면 엄청나게 빠른 속력으로 지구 표면을 향해 돌진하는 뮤온은 빨라지는 속력만큼 시간이 늘어나기 때문에 무려 100배에 해당하는 시간을 벌 수 있다. 기존 수명의 100배인 2/10,000초까지 생존 시간이 늘어나는 것이다. 그러면 600m밖에 못 가던 이동거리가 100배인 60,000m까지 늘어난다. 즉, 지표면까지 충분히 도달한다. 납득하기 어렵지만 아인슈타인의 이론이 입증하는 명백한 사실이다.

코브라와 고양이가 싸우면 누가 이길까? 코브라는 맹독을 지녔지만 코브라의 빠르기로는 날렵한 고양이를 절대 물지 못하므로 항상 고양이가 이긴다. 고양이는 각종 뱀들을 가지고 놀고 할퀴면서 진을 다 빼놓고, 뱀은 결국 기진맥진하여 숨이 끊어진다. 민첩

한 능력을 갖춘 고양이에게 뱀의 움직임은 아무리 빨라도 다 슬로 비디오처럼 보인다고 한다. 빠르게 움직이는 고양이에게는 시간이 천천히 흐르는 것일까? 움직이는 물체의 시간이 느리게 흐르기 때문에 조깅을 열심히 하면 더 오래 살 수 있다는 우스갯소리도 있으나, 아인슈타인의 상대성 이론은 '빛의 속력'을 기준으로 펼쳐지기 때문에 지구에서 우리 인간의 일상과는 관련이 없다. 그렇다면 영묘한 고양이에게는 혹시?

빛의 속력과 우주의 스케일로 바라보았을 때, 정확히 같은 시간이 우주에 없다면, 시간은 고정된 것이 아니라 신축성 있는 고무줄처럼 그때그때 달라지는 어떤 것이다. 뉴턴(1643~1727)은 시간이 우주 어디서나 똑같다고 여겼다. 공간도 마찬가지였다. 뉴턴의 이론에 크게 감동한 철학자 칸트(1724~1804)는 뉴턴의 절대시간과 절대공간에 바탕을 둔 새로운 철학 체계를 구상했다. 불변하는 어떤 것을 대전제로 삼아 이론을 전개하면 아예 다 맞거나 아예 다 틀리는, 모 아니면 도다. 칸트는 시간의 절대성, 공간의 절대성을 기준으로 삼아 철학 체계를 세웠으니 당시에는 맞았지만 지금은 맞지 않다. 칸트가 대전제로 세웠던 것 중에 유클리드 기하학의 공리도 있는데 이 역시 비유클리드 기하학이 등장하면서 논박되었다.

그러니 과학책뿐 아니라 철학책을 읽을 때도 훌륭한 학자의 이론이라고 해서 무조건 받아들이지 말고 현대에는 더 이상 통용되지 않는 지식이 무엇인지 감안하며 읽는 것이 좋다.

아인슈타인의 이론이 등장하기 전까지 절대적인 시간과 공간 개념을 어느 누구도 반박하지 않았다. 우리가 살아가는 지구에서는 누구에게나 똑같은 시간이 흐르는 것처럼 느껴지지만, 그것은 우주라는 차원에 비해 지구라는 세계가 너무 작아서, 그 미묘한 차이를 도무지 느낄 수 없기 때문이며, 광속과 비슷한 속력을 우리가 체험하기도 상상하기도 어렵기 때문이다.

처음 운전대를 잡으며 식은땀이 흐르고 두려웠던 때를 떠올려보자. 이 쉽고 간단한 운전을 그때는 왜 그렇게 힘들어했을까 하는 생각이 든다. 자전거를 배우는 것도 그렇다. 뭔가를 새로 익혀서 터득한다는 게 다 그렇다. 과학 지식은 모국어처럼 그냥 살다 보면 자연스럽게 습득되는 경험 지식과는 분명 다른 면이 있다. 자전거나 운전처럼 일부러 배우려고 시도해야 알 수 있는 것이기 때문에 노력해서 넘어서야 하는 작은 장벽이 항상 있다. 자전거가 휘청거리면서 넘어질 것 같을 때 용기를 내어 더 세게 페달을 밟아야 한다는 점, 그래야 넘어지지 않고 앞으로 계속 나아갈 수 있다는 점을 처음 깨달았을 때의 희열을 떠올려보라. '특수 상대성 이론'으로 들어가는 첫 장벽은 '지구 안에서 일어날 수 있는'이라는 상식적 사고를 일단 잊고 더 넓은 스케일로 보려고 애쓰는 일이다. 코페르니쿠스나 갈릴레이가 지구에서 눈을 돌려 더 넓은 코스모스를 바라보고 상상했던 것처럼 말이다.

일반 상대성 이론

홀륭한 사람들이 일으키는 거대한 일렁임

인류 역사의 위대한 인물들, 위대한 선구자들은 역사의 시공간을 출렁이게 했다. 훌륭한 사람들은 조직을 바꾸고 환경을 변화시키며 공동체에 커다란 영향을 끼친다. 그들이 하고자 하는 일은 사람들을 끌어모으는 것이 아니라, 공동체의 시공간을 더 낫게 바꿈으로써 그 변화한 시공간 안으로 사람들을 인도하는 일이었다.

공간과 시간은 언제나 우리와 함께 있었기에, 언제나 호기심의 대상이었고, 그 본질을 파악하려는 끊임없는 시도가 이어졌다. 시공간은 과학자들에게는 늘 신비로운 대상이었다. 고대 그리스의 자연철학자 데모크리토스는 이 우주는 더 이상 쪼갤 수 없는 근본 물질인 '원자'와 그 원자들이 돌아다닐 수 있는 '빈 공간'으로 구성

돼 있다고 주장했다. 고대 그리스인들은 누구에게나 똑같이 주어진 '크로노스'와 사람마다 다르게 느끼는 '카이로스'로 시간의 종류를 나누었다.

뉴턴의 이론에 따르면, 힘은 거리의 제곱에 반비례한다. 거리가 두 배 멀어지면 힘은 반이 아니라 4분의 1로 줄어든다. 우리 주변의 물체부터 우주 공간의 두 천체에 이르기까지 두루 적용되는 엄청난 법칙이다. 반대로 둘 사이의 거리가 반으로 단축되면 상호작용하는 힘은 네 배가 된다. 우리 관계도 그와 비슷하지 않을까. 거리가 두 배 멀어지면 마음은 반으로 줄어드는 것이 아니라 4분의 1쯤으로 줄어드는 것 같다.

무게와 질량은 서로 비슷하긴 해도 엄연히 다른 개념인데, 둘 다 '무겁다'라는 형용사를 공유하기 때문인지 늘 헷갈린다. 원래 kg은 무게가 아니라 질량의 단위인데도 일상에서는 구분 없이 쓰기 때문에 더 헷갈린다. 무게 단위는 중력의 크기인 N(뉴턴) 또는 'kg중'이다. 누가 몸무게를 물어보았을 때 프라이버시를 조금이라도 보호하려면(프라이버시가 노출되느니 차라리 재수 없는 인간이 되는 게 더 낫다면) 뉴턴값으로 알려주면 된다. "내 몸무게는 595N에서 599N 사이를 왔다 갔다 해"라고 답하면 된다. 뉴턴값을 9.8로 나누면 우리에게 친숙한 '킬로수'가 나온다. 지구에서 몸무게 '60kg중'인 사람은 달에서는 '10kg중'이 된다. 무게와 달리 질량은 어디에 있든 고유한 값이므로 변하지 않는다. 질량은 물질의 고유한 양으로 '움직이기 어려운 정도'와 동의어다. 볼링공과 테니스공은 우주 정거장 안에서 무게가 똑같이 0이 되지만, 질량은 물체의 고유한 값이라서 각기 변함이 없다. 지상에서와 마찬가지로 볼링공을 움직이는 것이 테니스공을 움직이는 것보다 힘들다.

뉴턴을 떠올리면 F＝ma라는 등식이 함께 떠오른다. F는 힘이고 m은 물체의 질량, a는 가속도다. 단순히 설명하면 빠르게 움직이는 물체의 힘이 더 세다는 뜻이다. 물체가 운동하는 예를 들어보자. 산 위에서 저 멀리 돌을 던지면 날아가다가 땅으로 떨어질 것이다. 더 세게 던지면 조금 더 멀리 날아가서 떨어질 것이다. 자, 이제 상상을 해보자. 속력을 높이기 위해 아주아주 세게 던지면…… 더 멀리 더 멀리 계속 앞으로 앞으로 날아가다가 지구는 둥그니까 온 세상 어린이를 다 만나고 지구를 한 바퀴 돌아서 내 뒤통수를 때릴 것이다. 그때 타이밍을 딱 맞춰서 고개를 샥 숙이면 돌멩이는 원래 손끝을 떠났던 지점을 다시 통과할 테고 그러면 떨어질 기회를 놓친 돌멩이는 한없이 지구를 뱅글뱅글 돌게 되는 무한 루프에 빠질 것이다. 이 돌멩이는 지금 계속 지구로 떨어지려고 하는데 안 떨어지는 중이다. 말이 좀 이상하지만 떨어지려고 했던 게 맞다. 이제 돌멩이를 달이라고 생각해보자. 달도 땅(지구)으로 계속 떨어지는 중이다. 다만 안 떨어지고 계속 돌고 있을 뿐이다. 인공위성들도 계속 지구로 떨어지는데 안 떨어지는 중이다. 말이 좀 이상하지만 틀린 말도 없다.

상상의 돌팔매질 말고 일반적인 사과 낙하를 보면, 그냥 지구로 매가리 없이 툭 떨어진다. 그런데 뉴턴의 설명대로라면 물체는 항상 서로 떨어진다. 사과가 지구로 떨어졌듯, 방금 거대한 지구도 아주아주아주아주 조금 사과 쪽으로 떨어졌다. 우주에는 위아래가 없다. 사과가 위에서 아래로 떨어진 게 아니다. 사과가 아주 작은 지구라고 생각하고 지구를 어마어마하게 큰 사과라고 생각해보면 위아래가 바뀌는 셈이니까 결국 위아래는 우리가 만든 개념이라는 걸 알게 된다. 서로 떨어지는데 지구가 워낙 크고 무겁기 때문에 사과 정도로는 티가 안 날 뿐이다. 달 정도 규모가 되면 지구와 달이 서로 떨어진다는 게 눈으로도 확인된다. 밀물 썰물은 지구가 달로 떨어지기 때문에 생기는 현상이다. 서로 떨어지는 현상을 뉴턴은 만유인력이라는 말로 표현한다.

물체 사이의 운동을 설명한 뉴턴의 이론은 기적처럼 모든 현상들에 다 맞아떨어졌는데, 승승장구하던 이 이론에서 뭔가 이상한 점이 감지된 것은 수성의 공전 궤도를 계산하면서였다. 수성이 태양에 가장 가까워지는 위치가 천문학자들의 계산과 잘 안 맞았던 것이다. 한동안 이 문제는 해결되지 못했다. 스위스 특허청에 근무하는 아마추어 과학자의 등장 전까지는 말이다. 알베르트 아인슈타인은 뉴턴 시대부터 내려온 기존의 중력 개념을 바꿔야 한다고 주장했다.

중력은 물체가 서로 당기는 힘인데, 아인슈타인은 이 힘이 시공간의 울퉁불퉁한 굴곡 때문에 생기는 효과라고 다시 설명했다. 유치원 꼬마들이 방방이(트램펄린)를 타고 있는데, 고등학생 형아가 방방이 가운데로 성큼성큼 걸어가 책상다리를 하고 앉는다면 그쪽으로 푹 꺼질 테고, 꼬마들은 방방이를 타며 점프를 할 때 몸이 고등학생 형아 쪽으로 자꾸만 쏠릴 것이다. 고등학생 형의 보이지 않는 에너지가 꼬마들을 끌어당기는 걸까, 아니면 형 때문에 생긴 움푹한 공간이 빚어낸 현상인가. 아인슈타인은 움푹 들어간 공간이 중력의 본질이라고 설명한다.

우리 눈으로 볼 수 없는 블랙홀은 질량이 어마어마하게 큰 천체인데 방방이 중간이 푹 꺼지는 정도가 아니라 저 깊은 밑바닥까지 찢어질 듯 들어가 있기 때문에 주변의 온갖 것들이 그 깊은 골짜기 안으로 다 빨려 들어간다. 빛도 예외가 아니다. 빨려 들어가는 주변의 빛을 촬영하여 재구성하면 보이지 않던 블랙홀 모습을 시각적으로 구현해볼 수 있다. 자석 위에 하얀 종이 카드를 올린 다음 쇳가루를 살살 뿌리고 톡톡톡 치면 연결된 곡선들이 드러난다. 자기장이다. 보이는 쇳가루 덕분에 보이지 않는 자기장을 볼 수 있듯, 주변의 빛을 잘 활용하면 블랙홀 모습도 짐작할 수 있다. 블랙홀 사진이라고 공개되는 이미지들은 블랙홀 주변의 빛으로 재구성한 블랙홀의 실루엣이라 할 수 있다.

이런 상상을 해보자. 엘리베이터에 탔는데 케이블이 낡어져서 아래로 추락하는 중이다. 내가 들고 있던 사과를 놓쳤는데, 나와 동시에 같은 속력으로 추락하는 중이라서 사과가 공중에 떠 있는 것처럼 보인다. 나와 사과가 떨어지는 원인은 뭘까? 아마도 '중력' 때문인 것 같다. 자, 그 장면을 다시 떠올려보자. 엘리베이터 안에 나와 사과가 공중에 떠 있다. 그런데 아까와 다른 점이 하나 있는데, 사실 여기는 우주 공간이다. 지금 나와 사과가 떠 있는 원인은 뭘까? 아마도 '무중력' 때문인 것 같다.

똑같은 모습, 똑같은 현상인데, 처음에는 중력 때문일 거라고 말했고, 그다음에는 무중력 때문일 거라고 말했다. 좀 이상하지 않은가? 실은 변한 게 없는데 우리 마음만 달라진 것은 아닐까. 다른 것처럼 보이는 이 두 사건이 물리적으로는 전혀 구별할 수 없는 동일한 현상이라는 점을 파악한 것이 일반 상대성 이론의 중요한 통찰이다. 우주선이 우주 공간에서 속도를 높이면 우주선 안은 지구처럼 중력이 느껴지는 공간으로 바뀐다. 창문이 모두 닫혀 있다면 지구에 있는 것인지 우주선 안에 있는지 구별할 수 없을 것이다. 음식물이 공중에 둥둥 떠다니는 것이 아니라 집에서처럼 식사도 가능해진다.

상대성 이론을 이해하기 어려운 것은, 우리 상식과 너무나 다른 시공간 개념 때문이다. 시간과 공간이 같은 것이라니 여전히 혼란스럽다. 아인슈타인은 시간과 공간이 따로 떼놓고 볼 수 없는, 합쳐진 하나의 다른 두 측면이라고 설명한다. 상대성 이론은 물체의 움직임이 시공간을 변화시킨다는 내용을 담고 있다. "물체가 움직이면 시간은 늦춰지고, 공간은 줄어들며, 질량은 늘어난다." 이것이 간략히 요약한 상대성 이론이다.

경북 포항 앞바다에서 지진이 발생했다면, 포항 시내의 회사 사무실에서는 책상이 두두두 떨리고 흔들릴 것이다. 그러고는 그 충격이 인접한 경주의 한 아파트까지 전해져서 베란다 창문이 살짝 '드르릉' 하고 울릴 수 있겠다. 포항 앞바다의 강력한 파동이 경주 시내까지 전달되어 미묘한 떨림을 일으킨 것이다. 거리와 규모를 확 늘려보자. 그 파동이 처음 생긴 곳이, 경주에서 자동차를 타고 30분 가면 닿을 수 있는 포항 앞바다가 아니라, 빛을 타고 그러니까 빛의 속력으로 10억 년 넘게 가야 닿을 수 있는 곳이라면? 좀 너무하다 싶을 정도로 거리를 늘린 것 같은데, 그 너무하다 싶은 일을 실제로 확인할 수 있는 사건이 일어났기 때문이다.

"A long time ago in a galaxy far, far away……(아주 오래전 은하계 저편에)"라는 스타워즈 오프닝으로도 해결이 안 되는 아득히 먼 곳, 13억 광년 떨어진 우주 공간에서 두 블랙홀이 충돌했다. 13억 광년 이란 빛의 속력으로 13억 년을 가야 도달할 수 있는 거리다. 비교하자면 1977년도에 발사한 보이저호가 45년 동안 날아간 거리는 빛의 속력으로 하루면 갈 수 있다. 여기에 365배를 해야 1광년 거리가 된다. 비교가 잘 안 된다. 하여튼 광년 단위로 떨어진 곳은 아주아주아주 멀다. 저 아득히 먼 어느 은하에서 충돌한 두 블랙홀로 인해 어마어마한 충격파가 주변을 휩쓸었고, 충격이 너무나 강력했기에 그 파동이 사방팔방 멀리멀리 퍼져나갔다. 지구에도 그 파동이 마침내 전해졌다. 중력파라 불리는 그 파동을 2015년에 지구의 과학자들이 관측했다. 이것이 현대 과학 기술이 도달한 경지로서 그저 경이로울 뿐이다. 그 바탕에는 아인슈타인의 일반 상대성 이론이 있다. "무거운 물체는 시공간을 출렁이게 한다." 사람도 그러하지 않은가.

시간과 시계

자기만의 일상을 구축한 이의 근사하고 단정한 삶

시공간을 넘나드는 SF 영화 〈인터스텔라〉는 노벨물리학상 수상자인 킵 손 교수가 자문역으로 참여했다. 중력과 시공간 이야기가 주요한 소재이기 때문이다. 영화에 이런 장면이 나온다. 어마어마하게 큰 중력이 작용하는 블랙홀 근처 행성을 두 대원이 탐사한다. 잠깐 동안의 탐사였는데 돌아와 보니 모선에 남아 있던 대원이 폭삭 늙은 모습으로 그들을 맞이한다. 오랜 세월 동안 그들을 기다렸다고 하면서. 우리 일상 경험과는 거리가 멀지만, 중력이 클수록 시간은 더 느리게 흐른다는 점을 이처럼 쉽게 알려주는 예도 드물 것이다. 중력이 강한 곳에서 시간은 무척 느리게 흐른다. 블랙홀 근처의 5분이 바깥에서는 1년이 될지도 모른다.

누구나 알지만 아무도 모르는 게 시간 같다. 시간이 무엇인지는 여전히 알기 어렵지만 시간의 흐름은 알 수 있을 것 같다. 시계라는 도구를 통해서 말이다. 바람은 눈에 보이지 않지만 볼 수 있는 방법이 있다. 바람에 흔들리는 사물을 잘 관찰하면 된다. 가령 제주도의 바람은 오름의 억새가 눕는 것을 잘 보면 보인다. 풀이 많이 누우면 누울수록 강한 바람이 보인다. 시간도 그와 비슷한 것 같다. 주변의 변화로 '아, 시간이 흐르는구나' 하고 아는 것이다. 더 알기 쉬운 것은 움직이는 시곗바늘이나 숫자가 표시되는 시계다. 디지털 시계를 보면 12:27의 중간 쌍점이 1초마다 깜빡거린다. 만일 멈춰 있다면 시계가 잘 가는 건지 고장 난 건지 구별이 안 될 것이다. 그런데 우리가 시계라고 부르는 기계 장치 말고도, 일정하게 주기적으로 반복되는 것은 어떤 것이든 시계가 될 수 있다.

매일 일정하게 뜨고 지는 해와 달, 대성당의 종소리 같은 것들이 시계가 될 수 있고, 일정하게만 꼬르륵거려 준다면 우리의 배꼽 시계도 시계가 될 수 있다. 생물학자들은 생명체의 세포 안에 하루를 주기로 삼은 생체시계가 들어 있음을 밝혔는데, 말하자면 배꼽 시계의 정밀 제어 센터가 우리 세포 안에 있는 것이다. 매주 월요일 카페 문을 열 때 찾아와 에스프레소 한 잔을 마시고 홀연히 가버리는 단골손님도 시계다. 철학자 칸트의 산책을 보며 마을 사람들이 시계를 맞췄다는 일화가 유명해진 것도 늘 일정한 시간에 그가 보였기 때문이다. 칸트는 뉴턴의 역학 법칙처럼 시계같이 정확한 철학 체계를 구축하고자 노력했던 철학자다. 매일 한 번씩 퀸의 〈보헤미안 랩소디〉를 틀고 그 곡이 끝날 때까지만 허리 운동을 한다면, 6분 정도 되는 '1보헤미안 랩소디'라는 자기만의 시간 단위를 창안해 사용하는 셈이다. "거기 얼마나 멀어요?" "여기서 4보랩 정도 돼요. 〈보헤미안 랩소디〉 네 번만 들으면 닿을 거리죠."

고대인들에게 첫 시계는 태양이었을 것이다. 일정하게 뜨고 지는 해시계는 인류 역사 내내 훌륭한 시계의 역할을 해내고 있다. 달도 그러하다. 고장 난 시계도 하루에 두 번은 맞는다는 우스갯소리가 있는데, 물론 고장 난 시계는 시계가 아니다. 주기적인 운동을 안 하기 때문이다. 한 바퀴를 돌아서 제자리로 오거나, 왔다 갔다 하는 게 주기 운동이다. 1초 동안 왔다 갔다 하는 횟수를 주파수라고 한다. 한 주기의 간격이 아무리 길더라도 시계가 되려면 일단 일정하게 움직이기는 해야 한다. 아이작 뉴턴의 조력자이자 동료였던 천문학자 에드먼드 핼리(1656~1742)는 뉴턴의 이론을 활용하여 주기적으로 지구를 찾아오는 혜성을 발견했다. 핼리혜성은 76년에 한 번 맞는 시계다. 건강도 좋고 운도 좋은 사람들만이 이 핼리혜성 시계를, 살면서 두 번 이용할 수 있다. 나는 중학생이 될 무렵 핼리혜성을 처음 보았다. 다시 보려면 앞으로 40년을 더 살아야 하는데 지금 건강 상태로는 글렀다.

스포츠 경기에서 사용되는 시계를 보면 마라톤 경기처럼 1초 단위로 측정하는 시계도 있고 사이클 경기처럼 0.001초까지 재는 시계도 있다. 반복되는 간격이 촘촘하고 짧을수록 시계의 정확도가 높아진다. 정교한 시계를 만들기 위해서는 주기가 일정하면서도 짧아야 한다. 일정하면서도 짧은 주기를 갖춘 어떤 것을 찾아내야 한다. 인류가 찾아낸 것 중에서 주기가 가장 짧은 것은 원자의 떨림(진동)이다. 원자의 일정한 떨림을 측정해내다니 대단한 일이다. 주기적으로 떨리는 횟수는 원소들마다 조금씩 달라서 가장 적합한 원소를 찾아내는 것이 관건이었는데, 처음 주목받은 원소는 세슘이었다. 계속되는 연구 과정에서 과학자들은 스트론튬 원자시계가 세슘보다 더 정밀하다는 점을 알아냈으며, 이터븀 원자시계가 더 정교하다는 것까지 알아냈다.

그렇지만 현재까지 고안된 장치 중에 가장 정밀한 이터븀 시계라 해도 우주 공간에서 빠르게 이동하는 물체에 실리면 지구에 남겨진 이터붐 시계보다 느려지는 현상이 발생한다. 정지한 상태에서 정해진 구간을 아래위로 한 번 왔다 갔다 하는 주기 운동을 떠올려보라. 이 주기 운동이 일어나는 판 전체가 우주선에 실려서 빠르게 움직인다고 생각해보자. 이것을 밖에서 보면 아래위로 한 번 왔다 갔다 하는 거리가 조금 늘어난다. 정지한 상태에서는 위쪽 방향으로 수직으로 올라가야 하는데 빠르게 움직이다 보니까 수직으로 올라가지 않고 비스듬하게 올라갈 수밖에 없고, 위까지 도착하면 다시 내려올 때도 비스듬하게 내려오게 된다. 이동 거리를 비교해보면 아래위 수직으로 왕복한 거리보다 대각선을 그리며 올라갔다 내려온 거리가 조금 더 길다. 똑같은 1초 같았는데, 정지한 상태에서의 1초와 움직이는 상태의 1초가 같지 않다. 지상의 시계는 '똑딱' 하고 움직였지만 우주선에 실린 시계는 '또옥따악' 하고 움직였다. 따라서 우주의 모든 것이 정지 상태가 아닌 이상 이 우주에 '동일한 시간'이란 존재하지 않는다.

중력의 변화에 따른 시간 변화를 우리가 사는 세계에서 파악할 수 있는 적합한 사례로는 GPS Global Positioning System가 있다. 위성을 이용하여 지구에서 현재 위치를 알려주는 기술이다. 버스를 타면 기가 막힌 타이밍에 다음 정류장을 안내해주는 음성이 나온다.

그 많은 버스들에 어떻게 매번 조금씩 바뀌는 최신 정보들을 그때 그때 반영하는지 무척 궁금했는데 한 가지 정보를 모든 버스가 공동으로 사용하는 것이었다. GPS 장치를 이용해 버스의 현재 위치를 실시간으로 파악하면 최신 버전의 안내 방송이 나오는 것이다. 스마트폰에는 GPS 장치가 포함돼 있으므로, 위성에서 보내준 신호를 활용해 각종 위치 정보 앱을 실행할 수 있다. 그런데 GPS 위성의 시계는 지상 시계보다 자꾸만 빨라진다. 지구 중력의 영향을 덜 받기 때문이다. 그래서 빨라지는 시간을 일정 시간 단위로 지상 시계와 계속 맞춰주어야 한다. 이게 정교하게 맞지 않으면 내비게이션은 물론이고 자율주행차의 운행도 가능하지가 않다. 제주도 바닷가 마을의 시간은 히말라야 고산지대 마을의 시간보다 느리게 흐른다. 중력의 영향이 더 크기 때문이다. 물론 우리가 인지할 정도의 차이는 아니다.

시간이 같은 곳은 없다. 결국 아무리 정밀한 시계를 찾아낸다 해도 위치가 바뀌면 시간이 서로 달라진다는 말이 되니까, 우리가 공통의 기준으로 삼을 만한 불변하는 시계는 없는 셈이다. 그건 시계 장치의 문제가 아니라 시간의 본질이라서 그렇다. 애초 시간은 항상 공간에 따라, 즉 물체 위치와 이동에 따라 신축성 있게 변한다.

이 세상 모든 것은 서로 다른 위치에서 서로 다른 운동을 하고 있으므로 완벽하게 동일한 한 종류의 1초란 없는 것이고, 따라서 불변하는 '절대 시간'도 없는 것이다.

시간이란 세계를 인식하기 위해 우리가 고안한 개념이다. 시간의 흐름은 알 수 있지만 '이게 시간이야' 하고 말하기는 어렵다. 실체가 없기 때문이다. 고대 그리스 철학자 헤라클레이토스는 '판타 레이panta rhei'라는 말을 남겼다. '만물유전'이라고도 표현되는 이 말은 세상 모든 것이 흐르고 변한다는 뜻이다. 우리의 인생은 시간 자체가 아니라 시간의 흐름이다. 따라서 인생을 아는 것은 우리와 세상의 흐름을 아는 일이 된다. 매일매일 자연스럽게 흘러간다면, 전날보다 오늘 털끝만큼이라도 조금씩 나아지는 삶을 산다면 더없이 훌륭한 인생이다.

표준과 단위

게으름에서 오는 느슨함과 부지런함에서 오는 유연함

차를 타고 멀리 가다 보면 아들이 "아빠, 언제 도착해요?"라고 물을 때가 자주 있다. "응, 곧 도착해. 거의 다 왔어"라고 안심시키고 싶은 마음이 매번 들지만, 생각해보면 그건 내가 어찌할 수 있는 게 아니다. 막히면 어쩔 수 없으니까. 그래서 요즘에는 "25킬로미터 남았어. 안 막히면 25분 정도 걸리는데 교통 상황에 따라 달라"라고 되도록 현실에 가깝게 이야기해주려고 노력한다. 남용하면 곤란하지만 관용적인 표현을 쓰자면 그게 더 '과학적' 방식 같아서다. 아들은 처음에는 1킬로미터라는 개념을 낯설어하더니, 요새는 차를 타고 1분 정도 가면 닿을 수 있는 거리라는 시간거리 감각도 어렴풋이 생긴 것 같다. 전봇대에 붙은 부동산 광고에서 "전철역에서 3분 거리"라는 문구를 보더니 "아빠, 저거 차 타고 달려서 3분이라는 말이에요. 속으며 안 돼" 그러더라.

판단에는 기준이 필요하고, 그 기준이 일정할수록 더 올바른 판단을 할 수 있다. 영화 〈행복한 사전〉은 《배를 엮다》라는 소설이 원작인 작품으로 사전 편집부 직원들의 이야기를 다룬다. 새로운 시대에 걸맞은 대사전 편찬에 얽힌 희로애락의 드라마다. 그중 은퇴를 앞둔 베테랑 편집자가 새로운 편집부원을 뽑는 장면이 있다. 그는 사전을 편찬하는 일에 어울릴 직원을 스카웃하려고 회사 구석구석을 돌아다니면서 일종의 면접 테스트를 실시한다. 고리타분한 사전 편집부에 자발적으로 오고 싶어하는 직원이 없다는 게 문제이긴 하지만. 하여간 일단 적당한 인재를 찾으면 사전이 우리 삶에서 얼마나 중요한지 고리타분한 방법으로 설득할 예정이다.

베테랑 편집자가 사원들에게 대뜸 이렇게 묻는다. "자네 '오른쪽'이란 개념을 정의할 수 있겠나?" 여러 사원들을 거쳐간 질문이 영업부 사원 마지메한테까지 왔다. 마지메는 차분하게 대답한다. "'펜이나 젓가락을 사용하는 손 쪽'이라고 하면 왼손잡이인 사람을 무시하는 게 되고, '심장이 없는 쪽'이라고 해도 심장이 우측에 있는 사람도 있다면 틀린 말일 테니까, '몸을 북으로 향했을 때 동쪽에 해당하는 쪽'이라고 설명하는 것이 무난하지 않을까요?" 표준 정의로서 가치가 있으려면, 누가 봐도 납득할 만한 보편적인 규정이 필요하고 되도록 예외는 없어야 한다. 마지메의 답변은 베테랑 편집자의 마음을 사로잡았다.

만년필 매장에 가면 시필 코너가 있다. 직접 써보고 구매를 결정하도록 해준 것인데, 한자 '길 영永' 자가 글씨 예시로 자주 등장한다. 한자 획을 긋는 방법에는 가로, 세로, 파임, 삐침, 점…… 등 여러 방법이 있는데, 이 한 글자로 그 방법들을 두루 시험해볼 수 있기 때문이다. 영永 자는 시필용 표준 글자가 될 만한 자격을 갖추었다. 로마자 폰트 개발자들은 "The quick brown fox jumps over the lazy dog"라는 문장으로 작업 상태를 점검한다. 짧은 한 문장에 알파벳 26자가 모두 들어 있기 때문이다. 한글 글꼴을 시험하는 디자이너들은 '다람쥐 헌 쳇바퀴에 타고파'라는 구절을 자주 이용한다. 여기도 자음이 두루 들어가 있다. 한글 폰트를 고르다 보면 '읅' 같은 글자는 표시할 수 없는 폰트들이 있다. 올바른 한국어 문장에 쓰이지 않는 것이라서 제작자가 굳이 만들지 않은 건지도 모르지만, 가능한 모든 조합의 글자가 표시될 수 있게끔 만드는 게 표준에 맞다. 예컨대 "원래 '디읃'이었는데 '디귿'으로 바뀌었다" 같은 문장을 쓰려면 필요하다.

훈민정음의 창제 원리가 실린 책이 《훈민정음 해례본》인데 어디에도 자음 모음을 어떻게 읽어야 하는지는 나와 있지 않다. 조선의 언어학자 최세진이 쓴 《훈몽자회》라는 기초 한자 교재를 보면 자음을 어떻게 발음해야 하는지를 한자로 풀이한 대목이 있다. 세종대왕님의 생각과 일치하는지 여부는 확인할 길이 없다.

최세진은 '기윽', '니은', '디읃', '리을'……처럼 발음했을 거라고 추정했다. 그런데 이것을 한자로 표기하려다 보니 표현에 한계가 있었다. 다른 글자는 그 발음이 나는 한자들이 다 있어서 모두 해결이 되는데 '기윽'의 윽, '디읃'의 읃, '시읏'의 읏이 문제였다. 그 발음이 나는 한자가 없었기 때문이다. 그래서 궁여지책으로 비슷한 발음이 나는 다른 한자를 쓰거나 우회적인 방법으로 그 발음을 표기했는데, 후대 학자들이 이를 잘못 분석하여 '기윽', '디읃', '시읏'이 아닌 '기역', '디귿', '시옷'으로 자음 이름을 정해버렸고 이것이 잘못된 표준으로 정해졌다. 이를 바로잡자고 주장하는 국어학자들도 많은데 너무 딱딱하게 굳어져 버린 것이라 되돌리기가 쉽진 않을 것 같다. 과학에서는 전류의 방향이 전자의 이동 방향과 반대로 규정돼 있다. 처음에 그 원리를 모를 때 정한 것이 관습으로 굳어진 것이다. 왜 도중에 바꾸지 않았는지는 잘 모르겠다. 지금까지 그냥 그대로 쓰고 있다.

표준이 정교해지는 과정은 끊임없이 등장하는 예외들을 극복해 나가는 과정이기도 하다. 각 분야 전문가들의 지혜와 기술이 누적 되면서 자연스럽게 자리 잡은 각 분야의 표준들은 우리에게 실용 성을 제공할 뿐 아니라, 지적인 호기심과 즐거움을 자극하고, 때로 경외감까지 불러일으킨다. 대전에서 택시로 대덕연구단지를 지나 다가 조형물처럼 보이는 형형색색 기둥들을 본 적이 있다. 나중에 찾아보니 그곳은 한국표준과학연구원이었고 정문에 세워진 나무 기둥, 콘크리트 기둥, 철 기둥, 알루미늄 기둥, 벽돌 기둥, 화강암 기둥, 유리 기둥은 각각 고유한 의미를 지닌 상징물이었다.

일곱 기둥은 국제 표준 단위 일곱 개를 상징한다. 나무 기둥은 고대부터 내려오는 측정 도구인 자의 재료로서 길이 단위인 미터 (m)를 상징한다. 육중한 콘크리트는 질량(kg)을, 서서히 산화하는 철은 시간(s)을, 전기가 잘 통하는 금속인 알루미늄은 전류(A)를, 높은 열에서 구워진 벽돌은 온도(K)를, 여러 요소로 구성된 화강암 은 물질량(mol)을, 빛이 잘 투과되는 유리는 광도(cd)를 상징한다. 이 일곱 개 기본 단위를 SI단위계라고 하는데 여기서 SI는 영어 약자가 아니라 프랑스어 약자다. 표준 제정에 가장 열성적이었던 나라가 18세기 후반의 프랑스였기 때문이다. SI의 원어는 'Système international d'unités(국제표준단위)'인데 '지스템 앙테흐나씨오날 뒤니테'라고 읽으면 된다. 영어식으로 읽으면 '인터내셔널 시스템 오브 유니츠' 정도 되겠다.

과학 공부를 하는 것은 인류가 구축한 객관적이고 보편적인 기준에 관해 알아가는 일이다. 과학자들은 흔들리지 않는 더 확고부동한 표준을 만들기 위해 노력해왔다. 우리가 살아가는 데 우선 필요한 것은 시공간을 재는 기준이다. 즉, 시간 단위와 거리 단위가 필요하다. 시간의 표준은 훌륭한 시계 장치인 지구의 자전을 기준으로 삼았다. 1회 자전 시간의 86,400분의 1을 1초로 정했다. 그렇지만 시간이 지나면서 시간에 문제가 생겼다. 변하지 않을 것만 같았던 지구 자전 시간이 일정하지 않다는 점을 알게 된 것이다. 지구는 꽤 정확도 높은 시계이긴 하지만 과학자들은 그것으로 만족할 수 없었다. 발전을 거듭한 1초 개념은 현재 세슘 원자의 진동수에 따라 정의된다. 또한 세슘보다 더 정확한 시계를 만들기 위해 루비듐, 이터븀 같은 원소들이 활용되고 있다.

우리가 운전을 하면서 자주 보게 되는 단위인 km는 표준 단위인 'm(미터)'를 1,000배 한 것이다. 거꾸로 m를 1/1000로 줄이면 mm(밀리미터)가 된다. mm를 1/1000 하면 μm(마이크로미터)가 되고, μm를 1/1000 하면 nm(나노미터)가 된다. 1m를 처음 정한 것은 프랑스 학자들인데 북극에서 적도까지 거리의 1000만 분의 1을 1m로 규정하고, 그 1m에 해당하는 나무 막대를 정교하게 만들어 썩지 않도록 잘 보관해두었다. 그것을 '미터원기'라고 부른다. 사람들이 실제 적도에서 북극까지 가본 건 아니고, 프랑스 됭케르크에서 스페인 바르셀로나까지 거리를 측량한 다음 환산했다. 보관된 미터원기인 나무막대는 온도 변화에 따라 수축하거나 팽창하고 시간이 지나며 마모된다. 나중에 단단한 금속으로 바꿨지만 변형만 늦출 뿐이지 변한다는 사실 자체는 마찬가지였다. 빛을 비롯하여 질량이 없는 물질이 도달할 수 있는 최고 속력을 우리는 c라고 표기한다. 진공에서 1초에 299,792,458m를 이동하는 속력이다. c를 기준으로 삼아, 1m는 빛이 진공에서 299,792,458분의 1초 동안 진행한 거리로 새롭게 규정되었다.

온도의 국제 표준 단위는 켈빈(K)이다. 일상생활에서 쓰는 온도 단위인 섭씨(°C)와 화씨(°F)는 표준 단위가 아니다. 섭씨와 화씨는 중국에서 만든 용어로서 셀시우스와 파렌하이트를 한자로 표기한 것이다. 소크라테스를 '소씨'라고 부르는 것과 같다. 1700년대에 활동했던 스웨덴의 과학자 안데르스 셀시우스Anders Celsius는 물의 어는점과 끓는점을 기준으로 한 새로운 온도 기준을 제안했고, 셀시우스보다 몇십 년 정도 앞서 활동했던 독일의 과학자 다니엘 가브리엘 파렌하이트Daniel Gabriel Fahrenheit 역시 일상생활에서 사용할 수 있는 새로운 온도 기준을 제시했다. 화씨 100도는 인간 체온과 비슷한 섭씨 37도 정도 된다. 절대온도 K는 '우주에 존재할 수 있는 가장 낮은 온도를 0도로 정하면 어떨까?' 하는 착상에서 비롯된 개념으로서, 물질의 운동이 전혀 없는 상태의 온도를 0으로 정했다. 섭씨로는 -273도에 해당하는 절대온도 0K는 따라서 죽음의 온도다.

폴리실리콘은 반도체나 태양광 발전 시설의 재료가 되는 물질인데, 순수한 정도인 '순도'에 따라 태양광용이냐 반도체용이냐가 나뉜다. 반도체용은 훨씬 더 순수한 재료를 사용해야 한다. 반도체용은 11N 이상 순도인 물질을 쓰게 되는데, 여기서 N은 소수점에 사용된 9의 개수(nines)를 의미한다. 즉, 11N이란 순도 99.999999999%라는 것을 뜻한다. 과학 이론이 실제 삶에 응용된 기술의 세계도 참으로 넓고 깊도다.

우리 집 아래층에 사는 아저씨는 거대한 컨테이너 상선의 선장님이다. 1년에 3분의 2 정도를 바다에서 지내신다고 하는데, 사모님이 재미있는 이야기를 들려주었다. "이이가 집에 쉬러 와서 가끔 시내 운전을 하는데 옆에 타면 속 터져 죽어. 앞차와 항상 100미터쯤은 떨어져서 간다니까?" 바다를 이동하는 초대형 컨테이너 선박의 거리 감각에 익숙해진 우리 선장님은, 지상에서 운전을 하실 때 차선 변경 5분 전부터 깜빡이를 켜실 것 같다.

삶의 폭과 기준은 저마다 다르다. 그건 살면서 저절로 정해지기도 하고, 스스로 정해야 할 때도 있다. 항상 빡빡한 기준을 정해서 사는 사람이 있는가 하면, 걱정이 될 정도로 허술한 기준을 정해서 사는 사람도 있다. 마흔쯤 되면 자기만의 확고한 삶의 기준들이 갖추어져 있기 마련인데, 다른 이에게 그걸 보여줄 때 '라떼는……'으로 시작하는 설명이 필요하다면 그건 별로 바람직한 기준이 아닐 것이다. 나이를 더 먹을수록 그 기준이 유연해져야지 완고해지거나 느슨해지면 안 되겠다는 생각을 종종 한다. 느슨한 기준은 게으름에서 나오고, 유연한 기준은 부지런함에서 나오기 때문이다. 이 책을 읽는 여러분은 부지런한 사람일 것이다. 새로운 것에 대한 호기심과 지적 열망은 부지런함의 다른 이름이기 때문이다.

일상 용어와 과학 용어

●

    인생을 잘 살려면 남의 말을 잘 새겨들어야 한다. 새겨듣는다는 게 뭐냐면 어르신 말씀이든 아이의 말이든 말꼬리를 잡으려 하지 말고 어떤 의도로 한 말인지 맥락을 잘 살피는 일이다. 분위기에 더 어울리는 표현, 정황에 잘 맞는 형식을 구별하는 것이 어른다운 일 같다. 경조사에 알맞은 옷을 골라 입는 것처럼 말이다. 후배 결혼식에 유명 디자이너가 만든 화려한 드레스를 입고 가면 안 될 일이다. 살다 보면 평소보다 격식을 차려야 하거나 객관적인 표현을 써야 할 때가 있다. 반면에 자유로운 분위기에서 편한 표현을 써도 되는 상황도 있다. 이 둘을 우리는 귀신같이 구별한다. 안 그러면 분위기 파악도 못 하는 어수룩한 사람이 되기 때문이다.

    말뜻은 늘 맥락이 좌우한다. "엄마, 이거 새거야?" 아이가 양말을 들고 엄마에게 묻는다. 이때 '새거'는 신제품이 아니라 빨아놓은 것을 의미한다. 물놀이장 워터슬라이드 입구에서 직원이 아들에게 물었다. "너, 키 몇이니?" 아들이 대답했다. "저 4학년이에요!" 그러자 직원이 "아, 그래. 들어가렴." 키가 얼마인지 물었는데 동문서답처럼 학년을 이야기했고, 그런데도 직원은 말뜻을 잘 이해했다. '키는 좀 작지만 워터슬라이드 못 탈 정도의 꼬마는 아니구나.'

우리는 '방향지시등'의 말뜻을 정확히 알지만 실제 일상에서는 '깜빡이'라는 표현만 쓴다. 그런데 보험사 직원이나 변호사들이나 교통경찰처럼 도로교통법을 다루어야 하는 사람들에게는 '방향지시등'이라는 표현이 더 익숙할 것이다. 그렇다고 '깜빡이'보다 '방향지시등'이 더 수준이 높거나 더 나은 표현인 건 아니다. 그저 주어지는 상황에서 수행하는 역할이 다를 뿐이다. '음주운전'과 '주취운전'의 표현 차이도 마찬가지다. 일상 용어와 도로교통법의 용어 차이일 뿐이지, 뭐가 더 낫고 못하고 그런 문제는 아니다. 이렇게 같은 것을 가리키면서도 각자 맡은 역할이 뚜렷이 나뉘는 것, 그리고 어떤 상황에서 둘 중 하나만 쓰이지 동시에 쓰이지는 않는 것, 이것을 언어의 상보성이라고 부른다. 서로 같은 것을 가리키면서 역할이 다른 보완 관계에 있다는 뜻이다. 물리학에서 상보성도 비슷한 개념인데, 빛이 입자이면서 파동인 성질을 지니는 것을 빛의 상보성이라고 한다. 입자성과 파동성, 둘 다 빛의 속성이지만 두 속성이 한꺼번에 나타나지는 않는다.

일상 용어가 필요할 때가 있고 과학 용어가 필요할 때가 있다. 두 세계는 공존하는 것이며, 우리는 그 두 세계를 잘 넘나들어야 한다. 우리 호모 사피엔스는 상황에 원래 잘 적응하며 진화해온 존재들이니까 잘할 수 있을 것이다. 용어가 포함하는 범위를 잘 아는 것이 지식 습득 과정에서 매우 중요하다. '가속도'라고 하면 한자어인 '더할 가加'가 연상되어 얼핏 '속도가 증가하는 것'만을 가리킨다고 착각하기 쉬운데 과학 용어 가속도는 '가속' 뿐 아니라 '감속'까지 포함하는 개념이다. 실제로는 '가감속도'인 셈이다. 밤하늘에서 쉽게 볼 수 있는 거대 사각형 별자리인 오리온자리의 왼쪽 위에 있는 별이 베텔게우스인데 수명이 다 끝나가서 '조만간' 폭발할지도 모른다고 한다. '조만간'은 언제를 가리킬까. 내일부터 5만 년 후까지라고 한다. 천문학적 규모를 다루는 천문학에서 5만 년 정도는 잠깐의 시간에 불과하다. 이렇게 일상적 표현과 과학적 표현은 그 규모와 범위가 사뭇 다른 경우가 많다.

18K 반지는 용액이다. 단단한 고체인데 뭔 용액이냐고 반문할 수도 있는데 과학에서는 균질하게 섞인 물질을 두루 용액이라고 부른다. 잘 섞인 소금물은 용액인데 잘 섞이지 않은 상태인 흙탕물은 용액이 아니라 혼합물이다. '저온'이라는 말이 나오면 얼음처럼 차가운 것만 떠올리면 안 되고 맥락을 봐야 한다. '저온 살균'의 '저온'은 대략 60도니까 오래 노출되면 심한 화상까지 입을 수 있는 높은 온도다. '저온 플라스마'의 '저온'은 대략

수천 도에 이른다. 물질의 상태는 보통 고체, 액체, 기체 이렇게 세 가지가 있다고 여기는데, 다른 상태도 있다. 바로 '플라스마plasma'라는 상태로, 우주를 구성하는 물질의 99퍼센트가 플라스마라고 한다. 기체는 아니지만 편의상 전기가 통하는 기체라고 생각하면 조금 쉬울 것이다. 마트나 문구점 진열대에는 손가락을 대면 번개가 치듯 섬광이 손가락으로 찌리릿 연결되는 마법사 구슬 장난감이 있다. 제품 포장이나 설명서를 보면 신기하게도 '플라스마'라는 단어가 눈에 들어올 것이다. 아는 만큼 보인다.

아인슈타인의 유명한 방정식인 $E = mc^2$은 조건만 맞으면 에너지(E)가 물질(m)로 바뀌거나, 물질이 에너지로 바뀔 수 있음을 보여준다. c는 광속에 해당하는 속력으로서 빠르다는 뜻을 지닌 라틴어 단어 celeritas[켈레리타스]의 머리글자를 따온 것이다. 우주에서 가장 빠른 속력을 수식으로 표현할 때 이렇게 기호 c를 사용하는데, 주의할 점은 'c=광속'으로만 이해해서는 안 된다는 것이다. 승합차를 '봉고'라고 부르는 건 맞는 건가, 틀린 건가? 다들 그렇게 쓰니까 뜻은 다 통하지만 정색하자면 정확한 표현은 아니다. c를 광속이라고 부르는 것도 비슷하다. 광속은 c가 맞지만 c라고 해서 광속만 가리키는 건 아니다. 질량이 없다면 빛(광자)이 아니더라도 그 속력에 도달할 수 있기 때문이다.

드문 경우이기는 하지만, 일상어에서는 제대로 쓰고 있는데, 과학 용어가 잘 받쳐주지 못할 때도 있다. '속력/속도'가 그중 하나다. 일상에서 주로 쓰는 '속도'를 과학 용어로도 '속도'라고 표현하면 되는데, 굳이 '속력'이라고 쓰는 바람에 일상어와 과학어가 꼬여버렸다. 우리 상식으로는 '자동차 속도계'가 훨씬 자연스러운데 과학 용어로 표현하려면 '자동차속력계'라고 써야 한다. 그렇다면 '빛의 속력'이라고 쓰는 게 맞는데도, 이럴 때는 또 과학계에서도 '빛의 속도'라고 많이 쓴다. 이랬다저랬다 일관성이 없는 것은 처음에 용어를 정의할 때 착오가 있었기 때문일 것이다.

아직 말과 글을 배우기 전인 아기들은 은연중에 '우유'라는 단어에 수없이 노출된다. 듣고 보는 횟수가 차곡차곡 누적되다가 어느 날 문득 '우유'라는 단어를 깨우치게 된다. 그러면 '우산'이라는 단어나 '유치원'이라는 단어를 처음 보았을 때 '우' 또는 '유' 글자의 친숙함 때문에 새로운 단어에 더 쉽게 다가갈 수 있다. 과학 용어와 친숙해지는 과정도 그와 비슷하다. 일상 용어와 과학 용어의 차이는 좋고 나쁨의 문제가 아니다. 과학은 세계를 바라보는 한 가지 방법이며, 일종의 외국어 체계다. 일상어가 통용되는 세상을 보려면 일상어라는 언어 체계가 필요하다. 외국어를 써야 하는 상황에서는 몸짓 발짓을 섞더라도 되도록 외국어만 쓰려고 노력해야 한다. 과학 공부에는 그런 노력이 필요하다.

'아이고'라는 한국어 표현이 있다. 어린아이들은 잘 쓰지 않는 표현이다. 어른이 '아이고' 할 때마다 어린이 입장에서는 무척 낯설 것이다. 그러다가 초등학생이 되어 시험을 망친 어느 날 '아이고'라는 말이 툭 튀어나온다. 새로운 어휘와 개념을 배울 때도 마찬가지다. 처음에는 다 어색하지만 여러 번 반복하다 보면 자연스러워진다. 도스토옙스키라는 이름이 익숙해지기까지 우리에게는 시간이 얼마나 필요했을까? 2015년 노벨문학상 수상자 이름이 스베틀라나 알렉시예비치인데, 이 이름을 글자 안 보고도 자연스럽게 발음하기까지 반년은 넘게 걸렸던 것 같다. 유클리드의 원래 그리스 이름인 에우클레이데스도 그렇고, 마리 퀴리의 원래 폴란드 이름인 마리아 스크워도프스카도 그렇다. 낯선 과학 용어와 낯선 과학자 이름에 자주 노출되는 것이 필요하다. 아는 만큼 보인다는 말을 달리 생각해보면, 보이는 만큼 또 알게 된다는 말이 된다. 자주 보이면 알기도 쉽다.

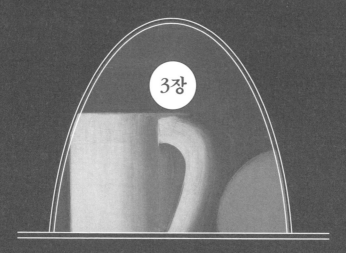

3장

과학과 수학

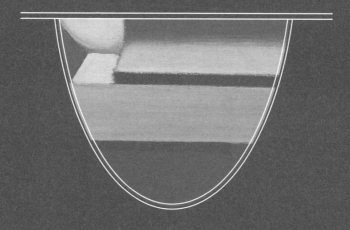

스칼라와 벡터

과속을 피하는 방법과 목적지까지 가는 방법

부동산 계약을 처음 할 때는 '임대'와 '임차'의 뜻도 헷갈리고, '매도'가 사는 건지 파는 건지도 감이 잘 안 온다. 이 개념을 제대로 알지 못하면 임대차계약서를 읽어나갈 때 첫 문장부터 막힐 것이다. 그런 상태에서 계약서를 읽은들 정확한 계약 내용과 문서 내용을 이해하기는 어려울 것이다. 과학 지식이라고 다를 건 없다. 공부를 하다 보면 아무리 쉽게 풀이한 교양서들에도 필수적인 전문용어들이 앞부분에 툭 튀어나오기 마련인데, 스칼라와 벡터라는 딱딱한 용어들이 자주 나오는데도 이에 대한 설명이 따로 나오지 않아 내용을 따라가기가 무척 힘들었다.

스칼라scalar는 저울, 계단 등을 의미하는 라틴어 'scala'에서 온

말로서 저울이나 규모를 가리키는 영어 단어 'scale'의 어원이다. 벡터vector는 이동시킨다는 뜻을 지닌 라틴어 'vector'에서 온 말로서 탈것을 가리키는 영어 단어 'vehicle'의 어원이다. 그렇지만 어원에 큰 의미를 둘 필요는 없다. 이름은 이름일 뿐이니까 말이다. '허수imaginary number(가상의 수)'나 '초신성super nova(매우 밝은 별의 탄생)' 같은 용어를 보면 실제 개념은 어원이나 말뜻과 정반대다. 허수는 실제로 사용되는 필수적인 수이고, 초신성은 별이 폭발하여 사멸한 상태를 일컫는다. 어원이나 말뜻 분석에 너무 집착할 필요는 없다. 전자의 운동을 설명하는 용어인 '스핀spin'은 뭔가 회전하는 이미지를 연상시키는데 실제 도는 것이 아니라 회전 현상과 같은 효과를 낸다고 해서 붙여진 이름이다. '알파선Alpha ray'은 이름에서 '광선'을 연상시키지만 실제로는 헬륨 입자의 이동을 가리킨다.

비가 오면 얼마나 왔는지, 화산이 폭발했다면 화산재가 얼마나 멀리까지 퍼졌는지 우리는 정보를 서로 공유한다. 자연 현상을 누구나 똑같이 이해하고 공유할 수 있도록 하기 위해 숫자로 표현한 것을 물리량이라고 한다. 스칼라와 벡터는 모두 물리량을 표현하는 방법이다. 질량 10kg, 높이 10m 같은 것들이 숫자로 표시된 물리량이다.

숫자는 서로 더하거나 곱하거나 연산이 가능한데, 스칼라와 벡터는 계산하는 방법이 서로 달라서 상이한 기준을 사용한다. 예컨대 스칼라 계산은 우리가 아는 사칙연산과 동일해서 1 더하기 1은 2이지만 벡터로 계산할 때는 2가 아니다. 높이 1미터에 1미터를 더해서 2미터가 되는 것이 스칼라 덧셈이다. 벡터 덧셈은 어떨까. 바윗덩이에 줄을 묶고 한 사람은 북쪽으로 1이라는 힘으로 당기고 한 사람은 동쪽으로 1이라는 힘으로 당기면 그 바윗덩이가 받는 힘은 대각선 방향으로 $\sqrt{2}$가 된다. 한강을 헤엄쳐 건너려고 할 때 입수 전 정면으로 보이는 곳을 목표로 했다 해도 물살 때문에 헤엄치면서 점점 하류 쪽으로 치우칠 수밖에 없다. 벡터 덧셈은 그런 방향까지 고려해서 값을 구한다.

스칼라는 kg, m처럼 어떤 단위를 사용해 한 가지 숫자로 표현 가능한 물리량이다. 벡터에는 고려해야 할 사항이 여러 개라서 여러 숫자가 필요하다. 크기만 알고자 할 때는 숫자 하나면 되니까 스칼라로 표현한다. 온도도 스칼라로 표현되는데, −5도, 0도, 10도, 100도…… 이렇게 숫자 하나만 있으면 되기 때문이다. 영하로 표시된 온도는 섭씨온도인데 표준 단위로는 절대온도 K를 기준으로 표현하고 0에서 시작한다. 절대온도 0K는 섭씨로는 영하 273도다. 거리, 길이, 높이를 나타낼 때 10km, 20km…… 이렇게 정해진 단위에 숫자 하나만 있으면 된다. 그래서 스칼라다. 무게나 질량도 마찬가지다. 숫자 하나로 물리량을 표현하므로 알기 쉽고 단순하다. 스칼라를 고안한 까닭이 바로 그것이다. 자연 현상을 누구나 알기 쉽게 파악하고 쉽게 공유하기 위해서다.

각도(수치)까지 반영된 크기(수치)를 알고 싶으면 숫자가 하나 더 필요하므로 벡터를 사용한다. 만일 소파를 옮겨서 저쪽 벽으로 붙이려고 하는데 소파 위에서 아래 방향으로 힘을 가하거나, 위쪽으로만 들려고 하면 소파는 꿈쩍도 하지 않거나 꿈쩍했다가 제자리로 돌아갈 것이며, 그건 물리학에서는 '일을 하지 않은 것'이 된다. 일을 하려면 물체에 가하는 힘의 크기뿐 아니라 방향도 고려해야 한다. 따라서 힘은 두 가지 요소(수치)가 필요한 벡터로 계산된다.

별 모양은 72도를 회전하면 원래 모양과 같아진다. 그렇지만 원이나 구는 어느 방향으로 얼마만큼 움직이든 항상 원래 모습 그대로를 유지한다. 그래서 원을 방향이 없는 도형이라고 부르기도 하지만, 실은 온 방향을 갖고 있고 온 방향에 대칭성을 갖는다고 말해야 적절하다. 스칼라로 표현되는 물리량 중에도 이런 것들이 많은 것 같다. 1m 막대의 길이는 어느 방향으로 움직이든 변하지 않고 여전히 1m다. 그래서 대표적인 스칼라값인 '길이'는 방향을 고려하지 않는다. 이동하거나 회전했을 때 값이 변한다면 그런 물리량은 벡터일 것이다.

속력은 스칼라이고 속도는 벡터다. 속도처럼 방향까지 표시하는 값을 알고자 할 때는 벡터가 필요하다. 자동차속력계는 현재 빠르기만 알려줄 뿐이라서, 어디로 가는지까지 알려면 내비게이션이나 바깥 표지판을 봐야 한다. 즉, 과속 딱지를 피하는 데는 스칼라 정보만으로 충분하지만, 목적지까지 가려면 스칼라 정보만으로는 부족하고 벡터 정보가 필요한 것이다.

방향제의 분자 하나가 움직이는 '속력'은 매우 빠르지만, 공기 분자들과 끊임없이 부딪치기 때문에 방향이 수시로 틀어지므로 확산 '속도'는 그에 훨씬 미치지 못한다. 보통 우리가 알고자 하는 것은 방향제 분자가 이동하는 빠르기인 속력이 아니라 냄새가 방 안에 퍼지는 그 '속도'일 것이다. 이렇게 방향이 추가되어 위치 정보가 변한 결과값을 알고자 할 때는 벡터 정보를 사용한다.

우리가 보는 세계는 입체인 3차원 공간이다. 3차원 공간의 어떤 물리량을 우리는 스칼라로 파악할 수도 있고 벡터로 파악할 수도 있다. 스칼라로 파악한다는 것은 우리가 3차원에 살지만 어떤 현상을 1차원적으로 본다는 말이고 벡터로 본다는 것은 그 이상의 차원으로 본다는 뜻이다. 예컨대 서울에서 평양까지 거리, 또는 서울에서 전주까지 거리를 따진다고 하면 '195km'라는 숫자 하나만 있으면 된다. 그래서 '거리(길이)'는 스칼라값이면 충분하게 표현된다. 통일이 되어 서울에서 평양까지 여객기가 운행된다고 했을 때 운항 경로를 물리적으로 표현하려면? 여러 항목의 여러 숫자가 필요하므로 벡터가 동원된다.

스칼라는 세계를 1차원으로 파악하는 손쉬운 방법이다. 일상에서의 돈 거래, 각종 금융 거래가 다 스칼라 정보들이다. 어떤 현상을 숫자 하나로 표현하는 건 무척 효율적인 방법이다. 이에 비해 벡터는 세계를 여러 차원으로 파악하는 조금 더 복잡한 방법이다. 우리 삶은 그 둘의 복합체다. 전철역 정보는 1차원 정보다. 선으로 이어진 노선도에서 한 점만 지정하면 된다. 위치를 지정하는 데 1개 요소가 필요하면 1차원이다. 보통 기다란 선이 1차원이다.

"코기토 에르고 숨cogito ergo sum(나는 생각한다, 고로 존재한다)"이라는 말로 유명한 르네 데카르트는 뛰어난 철학자이자 뛰어난 수학자였다. 가로축과 세로축으로 이루어진 x, y 좌표를 고안한 인물이다. 확인할 길 없는 일화이지만, 천장에 붙어 있는 파리를 보면서 가로선과 세로선을 활용해 파리의 위치를 표시할 수 있겠다는 아이디어를 떠올렸다고 한다. 가로 화살표와 세로 화살표로 '좌표평면'을 그리면 2차원 정보를 표시할 준비가 된다. 가로축으로 3칸, 세로축으로 4칸 이동하면 그 위치가 2차원 정보다. 넓은 땅 위에서 '경도/위도', 이 2차원 정보만 있으면 어디든 갈 수 있다. 울릉도 동남쪽…… 동경 132 북위 37인 2차원 지점에 독도가 있다. 우리는 이렇게 평소에 3차원 지구를 마치 2차원 평면처럼 여기며 살아간다. 그런데 비행기를 타면 이야기가 달라진다. '높이' 요소까지 필요하다. 따라서 여객기 항로는 3차원 정보다.

물리학의 연구 대상은 물질, 운동, 힘, 에너지, 일 같은 것이다. 이를 수치화하여 표현할 때 우리에게 익숙한 사칙연산처럼 다룰 수 있는 현상들이 있는가 하면, 다른 방식의 연산이 필요한 현상들도 있다. 그래서 그 두 종류를 각기 스칼라와 벡터로 나누어서 다루는 것이다. 십자 나사는 일자 드라이버로 돌려도 어느 정도는 돌아간다. 그렇지만 공구들에는 제각기 알맞은 쓰임새가 있다. 스칼라와 벡터도 자연 현상을 다루는 공구들의 일종이다.

에드윈 애벗이 쓴 《플랫랜드Flatland》는 2차원 평면 세계에 사는 납작한 사람들이 3차원 입체 세계를 어떻게 이해할 수 있는지 다룬 이야기다. 작품 안에서 '사각형'이라는 이름을 지닌 수학자는 사람들에게 3차원 세계를 이해시키려고 온갖 노력을 하지만 결국 실패하고 오히려 죄인이 된다. 이는 플라톤의 《국가》에 나오는 유명한 우화인 '동굴 비유'를 떠올리게 한다. 평생 몸이 묶여서 한쪽만 바라보며 살아온 이들에게는 눈앞의 벽면에 비치는 모습이 세계의 전부다. 그 사람들은 우연히 동굴 밖 세상을 보고 온 사람들의 이야기를 잘 믿어주지 않는다.

기하학자들은 일반인이 상상하기도 힘든 수천 차원 이상의 고차원을 다루는데, 잘 따져보지 않아서 그렇지 실은 우리도 고차원 정보를 다루며 고차원 세계에 살고 있다. 마흔 살 정도 되는 사람들은 적어도 몇십 차원 정도 되는 세계에 산다. 나는 어머니의 아들이자, 어떤 여인의 남편이며, 어떤 사내아이의 아빠이고, 장인어른의 큰사위이며, 조카들의 삼촌/이모부/고모부이고, 작가이자 강사이며, 어떤 이의 친구로서, 남양주시에 사는 40대 후반의 한국 남자다. 대략 14가지 조건이 나왔다. 실제로는 이보다 훨씬 많다. 나라는 인간을 제대로 규정하려면 40종류 정보, 즉 적어도 40차원 이상으로 봐야 하지 않을까.

사는 게 참 복잡하고 피곤해 보인다고 타박할지 모르지만, 달리 생각해보면 엄청나게 풍요로운 삶이다. 단순하게 계산하면 우리 수명은 100년이 아니라 $100 \times 40 = 4000$년 정도 되는 것 같다. 더 많은 차원을 지닌 사람은 더 많은 세상에서 더 많은 삶을 누리며 사는 것이다. 클래식도 사랑하고, 록 음악도 사랑하고, 힙합도 사랑하면 음악이라는 세계에서 고차원적인 존재가 되는 것이다.

계산과 방정식

복잡한 인생 고민을 푸는 지혜

인터넷에 '세상에서 가장 아름다운 등식'이라고 검색하면 아마도 스위스 출신 수학자 레온하르트 오일러(1707~1783)라는 이름과 더불어 다음 수식이 나올 것이다.

$$e^{i\pi}+1=0$$

오일러가 발견한 이 등식에는 수학에서 중요하게 여기는 수들이 기가 막히게 결합돼 있다. 로그 개념을 처음 고안한 존 네이피어(1550~1617)의 이름을 따서 '네이피어수'라고도 불리는 자연상수 e가 먼저 나온다. 상수는 광속처럼 변하지 않는 일정한 값을 가리키는 말이고 자연상수 e는 그런 것들 중에서 연속적으로 증가하는 수 개념을 표현할 때 사용하려고 고안한 개념이다. 이 수는 2와 3 사이에 존재(2.718……)하는 무리수(분수로 표현 불가능한 수)로서 늘어나는 양의 증가율을 계산할 때 사용된다. 1, 1, 2, 3, 5, 8, 13…… 이렇게 자신과 바로 앞의 수를 더하면서 이어지는 패턴을 그 발견자의 이름을 따서 피보나치 수열이라고 부르는데 이렇게 누적된 것만큼 반복하여 계산하는 방식과 유사하다고 보면 된다. 예컨대 정해진 이자만 계산하는 것이 아니라 이자에 대한 이자까지 합쳐서 계산하는 복리이자 같은 계산에 활용된다.

다음으로 수 영역을 획기적으로 확장하는 데 기여한 허수 i가 있다. '허수'라는 명칭이 이 수에 대한 확신이 서지 않았을 때 붙여진 이름이라서 현실에는 존재하지 않는 수라는 인상을 주지만 여러 계산에 필수로 사용되는, 버젓이 존재하는 진짜 수다. 양자역학을 설명하는 데 필수적이다.

다음으로는 원주율 π가 있다. 그리스 문자 π의 원래 발음은 '삐'에 가깝지만 보통은 영어식으로 '파이'라고 읽는다. 원주율이란 원의(원) 둘레(주) 비율(율)이라는 말인데 지름을 1이라고 보았을 때 원둘레의 길이다. 값이 딱 떨어지지 않고 무한히 이어진다. 고대 그리스 이래로 기하학자들이 원의 면적과 똑같은 정사각형을 아무리 그리려고 해도 그릴 수 없었던 까닭이 그 때문이다. 원주율은 얼마 곱하기 얼마 같은 방식으로 계산할 수는 없기 때문이다. 당연히 어떤 수의 제곱도 아니므로, 정사각형 한 변 길이도 구할 수 없고, 원과 면적이 같은 정사각형도 존재할 수 없다.

무리수 파이는 어림한 값이 3.14 정도 된다. 수학을 좋아하는 사람들은 3월 14일이 되면 '화이트데이구나, 사탕 준비해야지'가 아니라 '파이데이구나, 파이 시켜야지' 한다고 한다. 달력에 표시해두었다가 둘 다 해보자. 원의 둘레와 면적을 정확히 계산하려면 항상 파이가 필요하다. 원이 빠진 삶과 세계는 상상하기 어렵다. 구불구불한 강을 직선으로 쭉 펴서 길이를 재고, 강의 최상류부터 최하류까지 직선거리를 잰 다음 그 둘을 비교하면, 구불구불했던 강의 원래 길이가 직선거리의 3.14배 정도 된다. 설명하기는 어렵지만 이렇게 파이는 신비스럽게 우리 세계 안에 깃들어 있다.

다음 수는 우리 삶과 가장 가까운 것들로서 곱셈과 덧셈을 가능하게 하는 1과 0이다. 1은 곱해서 자기 자신을 나오게 하는 수로서 이 당연한 약속이 없으면 곱셈과 나눗셈이 성립하지 않는다. 1을 곱셈의 항등원이라고 한다. 0은 더해서 자기 자신을 나오게 하는 수로서 이 당연한 약속이 없으면 덧셈과 뺄셈이 성립하지 않는다. 0을 덧셈의 항등원이라고 한다. 곱해서 항등원이 나오게 하는 수를 곱셈의 역원이라고 한다. 3의 역원은 1을 3으로 나눈 1/3이다. 그래서 곱셈과 나눗셈이 서로 붙어 있는 것이다. 더해서 항등원이 나오게 하는 수를 덧셈의 역원이라고 한다. 3의 역원은 0에서 3을 뺀 -3이다. 그래서 덧셈과 뺄셈이 서로 붙어 있는 것이다. 즉, 덧셈과 뺄셈은 항등원 0 덕분에 서로 대칭을 이루고, 곱셈과 나눗셈은 항등원 1 덕분에 서로 대칭을 이룬다.

오일러 등식에는 이 수들이 기가 막히게 결합돼 있다. 덧셈처럼 일상과 가장 가까운 수에서부터 양자역학처럼 일상과는 멀어 보이는 영역에 쓰이는 수까지 서로 긴밀하게 연결돼 있다는 건 자연의 원리들 역시 그렇게 긴밀하게 연관된 것이 아닐까 하는 추측을 불러일으킨다. 이 아름다운 조화를 알아냈을 때 오일러 본인은 어떤 기분이 들었을지 무척 궁금하다.

오일러의 삶은 수학 자체였다. 그는 '수'라는 수단으로 우주의 신비를 밝히고 계산하는 데 온 삶을 바쳤다. 베토벤은 청각을 상실했을 때도 왕성한 음악 창작 활동을 했다. 귀가 아닌 마음의 소리로 연주를 들었던 것이다. 오일러는 눈이 멀었을 때도 계산을 멈추지 않았다. 오일러가 삶을 마감했을 때 수학자이자 정치사상가였던 동료 콩도르세가 추도 문구를 썼다. "그가 계산을 멈추자 삶도 멈추었습니다." 세는 것이 수학의 전부는 아니지만 세는 것은 인간이 태어나서 처음 만나게 되는 가장 자연스러운 수학 활동이다. 그래서 1, 2, 3…… 같은 세는 수에 '자연수'라는 이름이 붙었다.

계산한다는 것은 무엇일까? 수학에는 계산을 할 때 '닫혀 있다'는 개념을 먼저 규정한다. 자연수는 우리가 사물을 하나둘 세면서 형성된 개념을 표현한 수로 1, 2, 3…… 이렇게 무한히 이어진다. 자연수는 덧셈이라는 연산에 대해 닫혀 있다. 서로 어떤 수를 더하든 모두 자연수가 된다. 자연수는 뺄셈이라는 연산에 대해서는 닫혀 있지 않다. 작은 자연수에서 큰 자연수를 빼면 자연수가 아닌 수, 즉 음수가 나오기 때문이다. 뺄셈까지 아우르려면 정수 개념이 필요하다.

요즘 초등학생들이 배우는 과목인 '수학'은 내가 초등학생 때는 '산수'였는데, 수학 공부의 출발이 수를 세는 것부터 시작한다는 의미였을 것이다. 친구 녀석들이랑 한놈, 두식이, 석삼, 너구리, 오징어…… 하고 세면서 구슬놀이를 했던 기억이 난다. 센다는 것은 기준을 세워두고 그 기준에 따라 양을 비교하는 일이다. 쭉 이어진 것이 아니라 낱개로 떨어져 있는, 즉 각각 나눌 수 있는 '기준'만 있다면 무엇이든 셀 수 있다. 해변의 모래를 셀 수 있을까? 모래 알갱이들이 나뉘어 있으므로 해변의 모래도 셀 수 있다. 계산해보면 지구의 모든 모래 수보다 우주의 별 개수가 더 많다고 하는데 그걸 세는 과학자들도 참 용하다. 일정한 크기로 잘리기만 하면 가래떡도 셀수 있다. 더러운 이야기를 해서 죄송하지만 덩어리로 나뉜다면 똥도 셀 수 있다. 물똥은 이어져 있으므로 세기가 곤란하다. 어디까지를 물똥 한 개로 볼 것인지 규정할 수 없기에 물똥을 세는 건 더럽고 곤란한 일이지만 순수하고 깨끗한 물 자체는 셀 수 있다. 물 분자 하나라는 뚜렷한 기준이 있기 때문이다.

에너지는 어떨까? 에너지도 가래떡처럼 일정하게 잘린 것이라면 셀 수 있다. 1900년 무렵까지 과학자들은 에너지가 단절 없이 연속된 것이라서 한 개 두 개 셀 수는 없는 거라고 믿었지만, 알베르트 아인슈타인이나 막스 플랑크 같은 학자들의 연구로 에너지가 최소 단위로 나뉠 수 있는 덩어리라는 점을 알아냈다. 이렇게 셀 수 있는 에너지 덩어리를 '양자quantum'라고 한다. '양'이란 뜻을 지닌 라틴어 '콴투스quantus'가 그 어원이다.

아라비아 숫자를 사용하기는 하지만 전화번호는 수가 아니라 한

글이나 로마자 같은 문자에 해당한다. 계산과 상관이 없는 단순한 기호의 나열이기 때문이다. 계산 가능한 것은 아라비아 숫자가 아니라도 어떤 것이든 수가 될 수 있다. 어떨 때는 조약돌도 수가 될 수 있다. 기준만 명확하면 된다. 뭔가 셀 때 사용하는 손가락은 수다. 10진법이 우리에게 가장 익숙한 것은 그 때문일 것이다. 셈에 10진법만 있는 것은 아니고 12를 한 단위로 삼는 12진법도 있다. 우리가 보통 사용하는 시간 표시는 12진법이다. 13시는 12시간이라는 주기를 한 바퀴 돌고 나서 1만큼 진행된 1시와 같아진다. 개월 수도 그러한데 12개월이 지나면 1년으로 자릿수가 올라간다. 컴퓨터는 2진법을 사용한다. 모 아니면 도, 중간 따위는 없는 화끈한 이분법이다.

가게에서 1,050원짜리 상품을 현금으로 사려고 한다. 2,000원을 내면 점원이 950원을 거슬러줄 텐데, 동전으로 주고받는 것이 서로 번거로울 것 같아서 주머니를 이리저리 뒤져본다. 점원도 내가 뭘 하려는지 알고 기다려준다. 때마침 100원짜리 동전이 있어서 1,100원을 낸다. 점원은 50원을 거슬러준다. 나와 점원은 방금 머릿속으로 간단한 방정식을 함께 풀었다. 거스름돈이 가장 적게 나오도록 미지수 x의 값을 순식간에 맞힌 것이다.

자동차에 기름을 가득 채워서 다니면 차가 무거워져서 기름을 더 많이 먹는다고, 그래서 적당히 넣고 다녀야 연비가 좋아진다는 말을 들었다. 그래서 한 20리터 정도만 넣는다. 나는 방금 방정식을 풀었다. 어느 정도 기름을 유지해야 최적일지 그 값을 가늠해본 것이기 때문이다. 초등학교 선생님들은 신학기를 앞두고 학생 수, 즉 정원에 민감하다. 결정된 다음에야 알게 되지만 민감한 것은 학부모도 마찬가지다. 학년 학생 수가 99명이면 33명×3학급이 되지만, 100명이면 정원 규정상 25명×4학급이 운영된다. 99명으로 거의 정해질 찰나, 극적으로 1명이 전학을 온다. 오, 감사합니다! 전학생 덕에 방정식이 극적으로 풀렸다. 방정식을 푸는 것은 가능한 최선의 답을 찾는 일이다. 피타고라스 방정식처럼 그 답이 여러 개일 수도 있다.

$2x + 1 = 7$ 이 등식에서 x는 아직 답을 구하지 않은 수라고 해서 '미지수'라고 부른다. 미지수가 포함된 등식을 방정식이라고 하는데 이 방정식을 풀면 미지수는 3이라는 사실을 알 수 있다. 이와 비슷해 보이지만 $y = 2x + 1$은 x와 y의 관계를 나타내는 함수라고 부르고, 여기서 x는 대입하는 숫자에 따라 값이 바뀌는 '변수'라고 부른다. 방정식의 '방정'이란 반듯한 모눈처럼 수를 배열하여 값을 찾

는 고대 중국의 수학 계산법이다. 가로나 세로, 대각선을 지워나가는 빙고 게임이나 스도쿠를 떠올리면 될 것이다. 그런데 여기서는 한자어 분석이 개념을 이해하는 데 별로 도움이 되는 것 같지는 않다. 방정식을 이해하는 데는 한자어 '방정'보다는 방정식의 영어 표현인 'equation'(같다는 뜻)을 알아두는 게 더 유용한 것 같다. 좌변과 우변을 같게 만드는 해답을 찾는 공식이기 때문이다.

'페르마의 마지막 정리'의 장본인인 수학자 페르마는 자신이 경이로운 방법으로 그 정리를 증명했다면서 "여백이 좁아서 여기에 적지는 않는다"라고만 간단히 메모를 남겼다. 그 메모가 적힌 책이 그가 평소 즐겨 보던 책인, 고대 수학자 디오판토스의 《산술》이다. 디오판토스의 묘비에 적힌 문구도 아주 유명하다.

"그는 일생의 1/6을 소년으로 보내고, 1/12을 청년으로 보냈다. 다시 일생의 1/7이 지나서 결혼했고, 결혼한 지 5년 후 아들을 얻었다. 아, 그러나 이런 비극이 또 있을까. 아들은 아버지 일생의 반밖에 살지 못했다. 아들을 먼저 보내고 깊은 슬픔에 빠진 그는 4년 뒤 생을 마감했다."

묘비명 자체가 어떤 방정식을 의미하고 있는데 그의 나이를 미지수 x로 놓은 다음에 식을 세우면 이렇게 된다.

$$\frac{1}{6}x + \frac{1}{12}x + \frac{1}{7}x + 5 + \frac{1}{2}x + 4 = x$$

그러면 x값에 84가 들어갈 때 등식(방정식, equation)이 성립한다는 걸 확인할 수 있고, 따라서 디오판토스는 84세까지 살았음을 알 수 있다.

방정식이란 이렇게 조건을 충족하는 값이 존재하는 수학식인데, 포탄을 목표 지점에 떨어뜨리려면 어느 방향으로 어떤 각도로 발사해야 하는지 계산할 때 방정식을 쓴다. 자동차 연비뿐 아니라 우주선 연비를 높이는 데도 쓸 수 있다. 로켓을 쏘아 올리면서 연료 낭비를 최소로 줄이고 출력은 최대로 높이려면 뉴턴 방정식을 잘 풀어야 한다. 수학자 앤드루 와일스가 300년간 풀리지 않던 수학계의 난제인 페르마의 마지막 정리를 증명할 때 현대 수학 이론들을 총동원했다. 300년 전 페르마가 증명했던 그 방법은 아닐 것이다. 페르마와 와일스는 서로 다른 방법으로 같은 결론에 도달한 것이다. 피타고라스 정리 역시 방정식인데 증명하는 방법이 400여 가지나 밝혀졌다.

우리 주변을 보면 셈에 밝은 사람이 있는데, 잘 살펴보면 그렇지 않은 이들이 훨씬 많은 것 같다. 셈에 밝지 않아도 좋은 삶을 사는 데는 지장이 없다. 멋진 삶을 사는 방법은 얼마나 될까. 적어도 피타고라스 정리 증명법인 400가지보다는 많을 것이다. 좋은 삶이란 분명히 존재하고 그것도 수없이 많이 존재한다. 살면서 알쏭달쏭하고 고통스럽고 난해한 문제를 만났다면? 답을 미지수로 놓고 가능한 방정식을 찾아보면 된다. 그렇지만 인생에 드라마틱한 해피엔딩이 찾아오는 경우는 그리 흔치 않다. 오랜 세월 애를 썼는데도 안 풀리는 경우가 부지기수다. 그렇지만 어쩌겠는가, 그런 게 인생인 것을. 인생은 정답 맞히기가 아닌 난제 풀이 과정이다.

패턴 인식과 기하학

적합한 삶의 방식을 찾으려는 본능

"고향이 어디세요?"

"제천이에요."

"오, 저랑 같네요! 저도 제천이에요."

"고향이 어디세요?"

"충주예요."

"오, 저랑 같네요! 저도 충북이에요."

사람들은 늘 공통점을 찾으려 한다. 똑같으면 더 좋겠지만 똑같지 않아도 어떻게든 유사성을 찾아내려고 한다. 평소에는 으르렁거리는 적대국이라 해도 외계인이 쳐들어오면 국적이 어떻든 우리는 같은 지구인이니까 힘을 하나로 모아야 한다. 비슷한 점을 찾는 것은 패턴 인식의 한 방식이다. 동그라미에 점 두 개만 찍혀 있어도 사람들이 거기서 사람 얼굴을 떠올리는 점만 봐도 그렇다. 사람 얼굴 모양이 우리에게 가장 익숙한 형태이기 때문이다. 사물에서 일정한 형태를 떠올리고자 하는 것, 즉 패턴 인식은 인간의 타고난 본능 같다.

넓게 보자면 수학과 과학은 한마디로 기존 패턴의 옳고 그름을 연구하며 새로운 패턴을 찾아내는 학문이다. 기하학은 사물이나 현상을 특정한 관점으로 바라보는 방식을 일컫는다. 기하학자의 눈에는 초등학생들이 연주하는 트라이앵글, 편의점의 삼각김밥, 고스톱을 치고 있는 세 남자의 모습까지…… 완전히 달라 보이는 모습에서 삼각형이라는 한 가지 형태가 보인다. 고스톱 세 남자는 선으로 이어지지 않았는데도 말이다. 태양, 달, 쟁반도 하나인 원으로 보인다. 구체적인 차이는 별로 중요하지 않다.

내 아들이 아기였을 때 나랑 같이 다니면 이웃 사람들이 내 얼굴과 아들 얼굴을 번갈아 보면서 한마디씩 했다. "아빠랑 똑같네." 닮은 데야 있겠지만 똑같은 건 아닐 텐데 왜 똑같다고 말하는 걸까. 사람들이 말하는 똑같다는 말은 외모가 복사기로 찍은 듯 일치한다는 게 아니라, 뭔가 본질적인 유사성을 공유한다는 뜻일 것이다. 그것이 기하학자가 찾는 것이다. 붕어빵들보다는 그 붕어빵 틀을 찾고자 하고, 틀보다는 그 설계도를 찾고자 한다.

쾨니히스베르크는 독일의 옛 도시다. 현재는 러시아의 칼리닌그라드로 이름과 소속이 바뀌었다. 강에 둘러싸인 두 섬과 도심을 잇는 일곱 개 다리가 놓여 있었는데, 마을 사람들은 같은 다리를 두 번 중복하여 건너지 않으면서도 일곱 개를 한 번에 다 건널 수 있는 방법이 있는지 궁금해했다. 얼핏 보면 별로 복잡할 것 같지 않은 이 문제를 해결한 사람이 아무도 없었다. 그도 그럴 것이 답이 없는 문제였기 때문이다.

수학자 오일러가 와서 증명해주기 전까지, 답이 과연 있는지 없는지 알 수 없었기에 그저 비밀에 싸여 있었다. 우리가 중학생 때 배우는 '한붓그리기' 문제가 이것인데, 당시 오일러는 일곱 개 다리의 연결 상태를 단순화하여 본질이 같은 점과 선으로 대체한 다음 수학적 방법을 활용해 답이 존재하지 않음을 증명했다.

살아가면서 어떤 문제를 해결하기 전에 먼저 살펴봐야 할 것은 과연 해결할 수 있는 문제인지 먼저 곰곰이 따져보는 일이다. '100미터를 10초 안에 뛰는 방법'이나 '트리플악셀 점프를 성공시키는 비

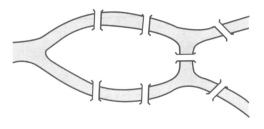

다리 7개는 이렇게 놓여 있다.

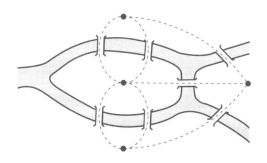

사람들이 지날 수 있는 경로들을 선으로 연결하면 이렇게 된다.

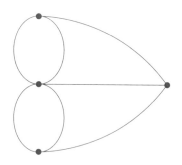

경로만 남겨서 다시 그리면 이렇게 단순화할 수 있다.

과학의 위로

결'을 우리가 궁리할 필요는 없지 않은가. 지리산 정상까지 가는 등산로가 한동안 막혔던 시절도 있는데, 꼭대기까지 가는 등산로가 열려 있는지 아닌지 일단 알아야 최적의 등산 경로를 짤 수 있을 것이다. 이렇게 문제를 풀기에 앞서 검토해야 할 더 중요한 것은, 그 문제가 성립할 수 있는지 검증하는 일이다.

"그거 어차피 같은 거야……"라는 말을 누구한테 해본 적 있는가? 종종 그렇게 말한다면 당신은 기하학자다. 구체적으로는 위상수학 연구자다. 위상수학에서는 겉모양의 다름은 신경 쓰지 않고 연결 상태와 본질이 같은 두 사물은 어차피 같은 것으로 본다. 공, 도넛, 머그컵…… 이 셋 중에서 서로 닮은 것은 무엇일까. 위상수학자는 도넛과 머그컵을 고를 것이다. '구멍이 뚫린 물체'라는 속성이 일치하기 때문이다. 그러면 속이 꽉 찬 둥근 공과 속이 꽉 찬 모난 정육면체는 같은 대상으로 묶인다. 기하학은 한 가지 관점으로 대상을 바라보는 수학이다. 이렇게 보면 이런 세상이 펼쳐지고 저렇게 보면 저런 세상이 펼쳐진다.

'별다줄'은 "별걸 다 줄이네"의 줄임말이다. 사람들은 왜 그렇게 줄임말을 좋아하는가? 심지어 네 글자를 세 글자로 줄이는 경우도 있더라. 뭐가 그렇게 차이 난다고. 줄이는 걸 좋아하는 건 우리가 천성적으로 수학적 기질, 기하학적 재능을 타고났다는 걸 의미한다. 즉, 패턴을 인식하고 되도록 단순화하려는 본능 말이다. 말로 설명하면 길어질 복잡한 내용을 기호로 간략하게 표시하기로 약속한 다음, 기호만 주고받으면 서로 편할 것이다. 직각삼각형의 빗변 길이를 제곱한 값은 나머지 두 변을 각각 제곱해서 더한 값과 같다, 이것이 피타고라스 정리인데 우리는 간략히 다음처럼 표기한다.

$$a^2+b^2=c^2$$

이렇게 표기하는데, 이건 별다줄이 아닌 것 같다.

산이 거기 있으니까 올라간다는 말은 매우 수학적이다. 수학자들이 그런 일을 하기 때문이다. 왜 수학을 하냐면, 그냥 되니까 한다. 즉, 안 되지 않으니까 해본다. 1차원이 선이고, 2차원이 면이며, 3차원이 입체라는 것까지는 알겠는데, 4차원은 어떻게 떠올려봐야 할까? 이렇게 당장 4차원만 돼도 머릿속으로 그 모습을 떠올리기는 어려운데, 시각적으로 표현하기 어렵다고 해서 존재하지 말란 법은 없으니까 한번 해보는 거다. 안 될 때까지 일단 해본다. 오로지 지적 호기심으로 그 일을 한다.

"여기 가까운 전철역이 어딘가요?"

"멀어요." (10킬로미터 정도 될걸?)

"걸어갈 수 있나요?" (20분 정도면 걸어가도 오케이)

"안 될 건 없지만······." (수학적으로도 가능하고 물리적으로도
가능함)

"감사합니다." (걸어가야지)

　걸어갈 수 있냐고 물었을 때 "안 될 건 없지만"이 아니라 "아유,
못 걸어가요"라고 대답했다면 더 좋았겠지만, 두 시간만 걸어가면
어쨌든 나오니까, 즉 안 될 건 없으니까 그렇게 대답한 것이고, 뭐라
고 할 순 없다. 때마침 기하학적 사고가 조금 더 작용했을 뿐이다.

　빛이 전자기파의 일종이라는 사실을 맥스웰이 알아냈을 때, 그
리고 간결한 네 방정식으로 전기와 자기의 관계를 정리했을 때,
'아, 사람들이 이제 나중에 이 공식을 써서 편리한 기계도 만들고
생산성도 높이고······ 이렇게도 응용하고 그러면 참 보람이 있겠
네' 하면서 그 일을 한 게 아니다. 그냥 궁금했기 때문에 문제를 푼
것이다. 친한 친구가 곤란한 것을 부탁할 때 "안 될 것도 없지!" 하
면서 흔쾌히 도와주려고 하지 않는가. 문학적으로 표현하자면 '수

학적 관용'이다. 아이에게 수학적 용기를 심어주려면 엉뚱한 상상을 할 때 "안 될 이유가 없지!" 하면서 북돋워주면 된다.

　기하학이라는 분야를 생각하면 '유클리드(에우클레이데스)'라는 이름이 함께 떠오른다. 유클리드 기하학이라고 부르는 유서 깊은 수학 분야를 개척한 인물이다. 한반도에 유클리드 이론을 처음 소개한 인물은 조선의 실학자 최한기인데 그는 외국의 신간을 늘 가장 먼저 들여오는 책 수집광이었다. 한문으로 번역된 《기하원본幾何原本》(1607)을 읽고 나서, 지도 제작에 도움이 될 거라며 절친 김정호에게도 추천해주었다. 출간된 지 2100년 된 따끈따끈…… 아니 차갑게 식은 기하학 신간이 우리 땅에 전파되는 순간이다. 기원전 3세기 책이 1800년대 중반에야 대륙의 동쪽 끝 나라 학자에게 전해졌다. 《기하원본》을 라틴어에서 한문으로 번역한 인물은 중국에 있던 선교사 마테오 리치였다.

　'비유클리드 기하학'이라는 분야가 있다. 용어만 얼핏 보아서는 유클리드가 아닌 기하학일 테니까, 유클리드 기하학이 기본이고 나머지 예외적인 영역이 비유클리드 기하학처럼 느껴지는데, 실은 비유클리드 기하학의 영역이 기하학 영역의 거의 대부분이고 유클리드 기하학이 차지하는 비중은 극히 적다. 유클리드 기하학이 평면 세계, 즉 반듯한 세상에 대한 수학이라면 비유클리드 기하학은 곡면 세계, 즉 울퉁불퉁한 세계에 대한 수학이다.

삼각형의 내각의 합은 180도다. 그런데 항상 그럴까? 항상 그렇지는 않다. 180도보다 커지는 경우도 있고 180도보다 작아지는 경우도 있다. 지구 위에 삼각형을 그리면 둥근 면을 감싸게 되므로 내각의 합이 180도보다 커진다. 말 안장 위에 삼각형을 그리면 쪼그라들기 때문에 내각의 합은 180도보다 작아진다. 우리가 사는 세계는 울퉁불퉁하다. 우주가 다 울퉁불퉁하니까 당연하다. 그래서 울퉁불퉁한 세계를 설명해주는 이론이 필요했는데, 비유클리드 기하학이 바로 그것이다. 수학사에서 그 등장 시기가 너무 늦은 감도 없진 않다.

미분과 적분

어머니의 사랑을 미분하면 남는 것

'판타 레이', 만물유전. 세상 모든 것은 흐르고 변한다. 세상에 불변하는 것은 없으니, 변화 자체가 자연의 진리다. 세상 모든 것이 변한다면 우리가 할 수 있는 일은 그 변화에 잘 대처하는 방법뿐이다. 뉴턴과 라이프니츠는 변화를 예측하는 획기적인 방법을 비슷한 시기에 고안했다. 미분은 변화율을 구하는 방법이다. 달리 표현하면 어떤 순간, 어떤 지점에서의 기울기를 구한다. 지면과 평행을 이루면 기울기는 0이다. 만일 인생의 기울기를 지금 알 수 있다면 지금이 인생의 오르막인지 내리막인지, 아니면 도무지 종잡을 수 없는 막장 인생인지 알 수 있을 것이다.

직선의 기울기를 구하는 건 무척 쉽다. 좌표에서 가로와 세로의 길이만 비교하면 된다. 가로는 길고 세로가 짧다면 기울기가 작은 것이고, 가로가 짧고 세로가 길다면 가파른 것이므로 기울기가 커진다. 구불구불한 곡선의 기울기를 구하려면 어떻게 해야 할까? 그럴 때 미분이 동원된다. 결론부터 말하자면 곡선의 아주 짧은 일부분을 직선의 한 점처럼 간주해서 그 지점의 기울기를 구한다. 달리 표현하면, 곡선의 한 지점에 닿는 선(접선)을 그은 다음 기울기를 구하는 것이다.

땅에 내려놓은 축구공을 떠올려보자. 동그란 축구공이 지평선과 한 점에서 만난다. 그 점에서 측정한 기울기는 지면과 평행하므로 0이 될 것이다. 우리는 방금 둥근 축구공(곡선)의 한 지점에서의 기울기를 구했다. 둥근 축구공과 순간적으로 만난 지평선이 우리가 찾는 접선이다. 접선은 곡선과 오로지 한 점에서만 만난다. 그 한 점에서의 기울기를 구하는 것이 미분이다.

오르락내리락하는 주가 그래프를 떠올려보라. 투자자들의 지상 과제는 언제가 고점이고 또 언제가 저점일지를 파악하는 일이다. 달리 말해 기울기가 순간적으로 0이 되는 지점을 알아낸다면 가장 싸게 사고 가장 비싸게 팔아서 최대 수익을 거둘 수 있을 것이다. 물론 주가는 신도 모른다는 말이 있듯, 그저 변화율이 가장 적을 것 같은 지점들을 컴퓨터를 동원해 예측할 뿐이다.

등산을 하면서 속도가 가장 느려지는 구간은 보통 악마의 코스인 끝없는 계단 구간이다. 큰 산에는 '깔딱고개'가 하나쯤은 있는데, 숨이 깔딱 넘어갈락 말락 하는 바로 그 순간이 기울기가 최대인 지점일 것이다. 그 지점이 어딘지 미리 알고 있는 사람은 고통도 견뎌내기가 쉬울 것이다. 이미 정상에 올랐다가 내려오는 사람들에게 정상까지 얼마나 남았냐고 물어보면 대부분 "거의 다 왔어요"라고 격려를 해주는데, 격려는 고맙지만 믿을 만한 정보는 아니더라.

포토샵 같은 사진 보정 프로그램에는 인물이나 특정 대상의 테두리만 남기고 배경을 지울 수 있는 기능이 있는데 이 프로그램에도 미분방정식이 사용된다. 픽셀의 색이나 명암이 확 달라져서 갑자기 기울기가 치솟는 지점들, 그러니까 변화가 급격하게 일어나는 지점들을 프로그램이 테두리라고 인식하는 것이다.

피자를 4등분하면 한 조각의 모양은 직선 두 개와 둥그런 호로 이루어진 부채꼴이 된다. 8등분을 해도 크기만 작아질 뿐 여전히 부채꼴로 보일 것이다. 32등분을 하면 어떨까? 아마도 기다란 삼각형처럼 보이기도 할 것이다. 곡선을 아주 잘게 쪼개면 한 조각이 직선처럼 보이며, 무한히 잘게 쪼갠다면 직선으로 간주해도 실제 계산과 별 차이가 없을 것이다. 미분은 곡선을 무한히 작은 직선들이 다닥다닥 연결된 선으로 간주한다.

중세 철학자 니콜라우스 쿠자누스는 신의 무한한 속성을 유한한 인간이 과연 파악할 수 있는지를 깊이 궁리하고 있었다. 그러다가 무한히 확대한 원의 작은 일부가 직선으로 보일 것이라는 생각이 떠올랐고, 무한한 신의 속성을 상징하는 원과 유한한 인간을 상징하는 짧은 선분(직선)이 그런 방식으로 서로 이어져 있을 거라는 생각으로 나아갔다. 따라서 유한한 인간을 잘 아는 것은 결국 무한한 존재인 신을 알 수 있는 한 가지 길이 된다. 인간이 신을 이해할 수 있는 가능성이 열린다. 유한과 무한은 이어져 있다.

테두리가 올록볼록한 곡선으로 디자인된 풀장 넓이를 구해보자. 먼저 가로 2cm, 세로 2cm짜리 정사각형 타일을 아주 많이 준비한다. 풀장 물을 모두 뺀 다음, 준비한 작은 타일들을 틈새 없이 다닥다닥 바닥에 붙인다. 타일 하나의 넓이가 $4cm^2$ (2cm×2cm)이니까 바닥에 깔린 타일의 수를 세서 곱하면 실제 면적과 비슷해질 것이다. 그런데 정확하지는 않다. 실제 값보다 조금 적게 계산된다. 정사각형 타일이 들어가지 않는 귀퉁이의 여러 빈틈들이 생기기 때문이다. 보통 기술자들이 타일 공사를 할 때는 정사각형 타일을 쪼개서 붙인다. 이 빈틈들의 넓이를 더한 값만큼 오차가 생겼을 것이다.

오차를 줄이려면 아까 했던 작업을 새로 하되, 가로세로 2센티미터 타일이 아니라 가로세로 1센티미터 타일을 바닥에 새로 깔면 된다. 그러면 아까보다는 실제 값에 더 가까워질 것이며, 귀퉁이 여백도 아까보다는 줄어들 것이다. 자, 이제 같은 방식으로 타일 크기를 계속 줄여나가면 결국 실제 값이 나온다. 이것이 적분이다. 여기서도 미분처럼 곡선을 직선으로 간주했다.

부피도 마찬가지 방법으로 구할 수 있다. 한 변이 1cm×1cm×1cm인 작은 주사위들을 빈 포도주통에 가득 채우면 포도주통의 부피를 대략 계산할 수 있다. 즉, 몇 병 분량인지 알 수 있다. 물론 이때도 주사위 크기를 줄일수록 실제에 가까운 값을 구할 수 있다. 미분과 적분 모두 곡선을 무한히 확대해서 그 일부분을 직선으로 간주한다는 공통점이 있다. 모니터로 보는 선명한 사진들의 매끄러운 곡선도 확대해보면 직각으로 꺾인 촘촘한 직선들의 조합이다. 연결된 것처럼 보이는 영화 화면도 실은 정지 화면들을 빠르게 재생한 것이다. 모두 단절된 것들을 가지고 연속된 것을 표현하는 아이디어에서 비롯한 것이며, 우리가 사는 세계에는 이 아이디어를 응용한 고안물들이 무척 많다.

미분과 적분은 따로 연구되다가 나중에 통합되었다. 서로 연결돼 있다는 사실이 발견되었기 때문이다. 미분은 변화율을 알기 위한 수학적 방법이다. 미분이 가능하려면 미분계수가 존재해야 한다. 미분계수가 존재하려면 도함수가 필요한데, 그러면 또 도함수 개념을 알아야 하고 그러다 보면 본론으로 들어가기도 전에 지쳐버리니까 '미분계수'니 '도함수'니 하는 딱딱한 개념어들은 생략해 버리고, 미분이 우리에게 어떤 의미가 있는지만 간략히 알아보자. 미분은 변화를 파악하기 위해 곡선의 기울기를 구한다. 우리의 인생처럼 굴곡진 오르막과 내리막의 경사를 구한다. 미분이 가능하려면 일단 연속이어야 한다. 단절된 부분이 있다면 기울기를 파악하는 일이 불가능하다. 비유하자면, 인생의 어느 시기에 가족이나 친구들을 버리고 '잠수 탔다가' 돌아온 사람의 인생은 미분할 수 없다. 미분이 가능하려면 일단 일상과 인생이 연속적으로 이어져 있어야 하기 때문이다.

이어져 있다고만 해서 무조건 미분이 가능한 것은 또 아니다. 올록볼록한 건 상관없지만 날카로운 칼날처럼 뾰족하게 튀어나온 부분이 있으면 안 된다. 두 직선이 만나 날을 세우고 있는 부분이 있다면 그 지점에서는 미분이 불가능하다. 미분을 하려면 곡선의 한 점과 만나는 접선을 찾아내야 하는데, 뾰족한 모서리의 한 점에 닿는 접선은 무수히 많으므로, 이것은 달리 말해 기울기를 구할 수 없다는 말과 같기 때문이다. 한 달에 100만 원씩 저축하며 자산을 늘려가던 사람이 이번 주에 로또에 당첨되어 갑자기 100억이 생겼다면 이번 주 당첨일에 그 사람의 인생은 미분이 불가능하다. 우리의 삶이 과거와 단절된 것이 아니라면, 또는 뾰족 모난 것이 아니라면 미분이 가능하다.

100을 미분하면 뭐가 될까? 일단 100을 숫자가 아닌 함수라고 간주해야 한다. y축의 100을 지나는 수평선을 생각하면 된다. x값이 무엇이든 항상 100인 그런 함수를 100이라고 하자. 그러면 100의 기울기, 즉 미분하면 0이 된다. 어머니의 사랑을 미분하는 건 세상에서 가장 쉬운 일이다. 기울기가 없으니 미분하면 0이 될 텐데, 자식이 미운 짓을 하든 고운 짓을 하든 어머니의 사랑에는 변함이 없기 때문이다. 어머니를 생각해서라도, 아무리 힘든 일이 있어도 가족과 연락을 끊고 잠수를 타는 짓은 하면 안 된다. 힘들거나 곤란한 상황이 생기면 얼른 가족에게 알리는 것이 좋다. 내 삶의 모습이 어떻든, 적어도 가족만큼은 그걸 예측 가능해야 하지 않겠는가.

삼각함수와 로그

우리의 감각을 통역해주는 멋진 계산법

이 글을 다 읽고 나면 "사인함수를 미분하면 코사인함수가 된다"라는 수학 명제를 쉽게 이해할 수 있게 된다. 평생 수학과 담을 쌓고 살았던 나도 이해를 했으니 별로 어렵진 않을 것이다. 자, 시작해보자.

먼 옛날 고대인들은 달에 드리운 둥근 그림자를 보며 지구의 그림자일 거라고 추정했고 지구가 둥글 거라고 짐작했다. 고대 그리스의 수학자 에라토스테네스는, 정오쯤에 시에네라는 도시의 우물에 해가 쏙 들어가서 그림자가 안 생긴다는 점을 알았다. 그리고 같은 시간대에 다른 곳에서는 그림자가 드리운다는 점에 착안해, 지구가 둥글기 때문에 일어나는 현상이니까 이 둘의 관계를 잘 살펴보면 커다랗게 둥근 지구의 둘레도 구할 수 있을 거라고 생각했다. 올바른 추론이었다.

태양빛은 까마득히 멀리서 사방팔방으로 퍼져나가지만, 아주 작은 지구 표면에 닿는 햇살은 그냥 모두 평행한 직선으로 도달한다고 봐도 무방하다. 지구가 평평하다면 시에네에 그림자가 안 생기는 동시간대에 다른 도시인 알렉산드리아에도 그림자가 생기지 않아야 한다. 시에네에 그림자가 안 생기는 정오 시간대에 알렉산드리아에서는 그림자가 생기는데, 그건 지구가 둥글기 때문일 것이다. 알렉산드리아에 생기는 그림자를 원래 물체 길이와 비교해봤더니 그림자가 안 생기는 평행(햇살 방향과 막대가 평행) 상태에 비해 7.2도 기울어져 있음을 알아냈다. 지구가 360도를 이루는 커다란 원이라면 7.2도는 50분의 1이다. 따라서 시에네에서 알렉산드리아까지 거리를 잰 다음 50을 곱하면 360도인 지구 둘레가 나온다.

두 도시 사이의 거리는 920킬로미터인데 서울과 부산을 왕복하는 거리 정도 된다. 이 먼 거리를 어떻게 쟀냐면, 실제로 걸어가며 측정한 것은 아니고 그 둘 사이를 항상 오가는 상인들에게서 들은 정보를 종합한 다음, 그 평균치를 구한 거라고 한다. 오늘날 용어로 표현하자면 물류 빅데이터 분석이다. 택배 배달에 걸리는 시간이

업체별로 대략 비슷하다고 치고 평균값을 계산한 것이다.

기하학자는 실제 답사하지 않고서도 추론으로 실제 거리와 면적을 정확히 알아낸다. 대동여지도 제작자인 김정호를 묘사하는 일화 중에, 그가 전국을 세 번 돌고 백두산을 여덟 번 오르면서 대동여지도를 만들었다는 이야기가 있는데 이는 신빙성이 별로 없다. 설사 실제라고 해도 대동여지도처럼 커다란 규모의 지도를 제작하는 건 기하학적 계산이 요구되는 일이라, 실제 답사가 별로 도움이 안 된다. 그렇게 싸돌아다닐 시간이 있으면 기존 데이터를 통계적으로 치밀하게 분석하는 게 훨씬 낫다. 김정호가 바로 그런 바람직한 생각을 했다. 기하학적 감각이 좋았던 것이다. 친구 최한기가 중국을 통해 들여온 유클리드의 《기하원본》을 김정호에게 소개해주었던 것도 그가 기하학적 원리를 잘 이해하고 가장 잘 응용할 수 있는 인물이었기 때문일 것이다. 《조선왕조실록》은 인류의 기록 역사상 《승정원일기》 다음으로 방대하면서도 정확한 기록물인데, 김정호에게는 운 좋게도 데이터 공화국이었던 조선의 기존 지리 정보를 열람할 수 있는 기회가 많이 주어졌기에, 이를 치밀하게 분석하여 대동여지도라는 걸작을 탄생시킬 수 있었던 것이다. 직접 걸어가보지 않아도 정확히 알 수 있는 것이 기하학의 유용함이요, 수학적 사고의 위대함이다.

에라토스테네스가 지구 둘레 값을 구한 것은 직각삼각형의 직선들이 이루는 각도, 달리 말해 삼각형의 비를 활용한 방법이다. 이것이 삼각함수다. 삼각함수의 '삼각'은 '직각삼각형'을 가리킨다. 함수란 어떤 값을 넣었을 때 어떤 일정한 값이 나오는 관계를 의미한다. 500원짜리 동전을 넣었을 때 장난감 캡슐이 하나 나온다면 그 자판기가 함수다. 500원짜리 동전이 없어서 그 옆에 있는 동전교환기에 1000원짜리 지폐를 넣었더니 500원짜리 2개가 나왔다. 그러면 동전교환기가 함수다. 함수는 정해진 약속에 따라 어떤 것을 입력하면 어떤 것이 출력되는 메커니즘이다. 서로 말하지 않아도, 어떤 신호를 보냈을 때 예상된 어떤 신호가 돌아온다면 둘 사이에는 절친 함수가 작동하는 것이다.

에라토스테네스가 삼각형 비를 활용해 지구 둘레를 알아낸 것처럼, 삼각함수를 이용하면 항해사들이나 천문학자들이 항해 거리나 별까지의 거리를 알아낼 수 있다. 삼각함수는 우리 삶 전반에 속속들이 스며 있다. 미분도 삼각함수를 활용한다. 미분은 기울기를 계산하여 변화 정도를 파악하는 방법이다. 기울기를 아는 간단한 방법은 직각을 이루는 가로선과 세로선의 비를 아는 것인데, 이 직각

삼각형의 일정한 성질을 활용한 계산법이 삼각함수다. 삼각함수를 배울 때 제일 처음 나오는 용어가 '사인', 그다음이 '코사인'인데, 사인의 개념을 먼저 살펴보자. 막대 모양으로 된 시곗바늘이 하나만 있는 둥그런 시계를 떠올려보자. 이 시침은 둥그런 시계의 반지름 길이와 같아서 회전하면 원을 꽉 채운다. 이 시계의 반지름은 1이고 시곗바늘의 길이도 1이다. 반지름이 1인 원형 시계 안에서 길이가 1인 시곗바늘이 회전을 한다.

원점의 높이를 0이라고 보고, 길이가 1인 시곗바늘의 높이 변화를 살펴보자. 90도로 꼿꼿하게 선 상태인 12시에 시곗바늘의 높이는 최대인 1이 되고, 1시가 되면 시곗바늘이 약간 기울어질 테니까 높이는 1보다 약간 작은 값이 될 것이다. 3시가 되면 수평선과 겹치므로 높이는 0이 된다. 4시가 되면 0보다는 크지만 1보다는 작은 값의 마이너스 값이 될 것이다. 6시가 되면 꼿꼿하게 선 상태가 되지만 물구나무를 선 셈이라서 시곗바늘의 높이는 –1이 된다.

높이의 최고값은 1이고 최저값은 –1이다. 시곗바늘은 계속 회전하여 제자리를 맴도는데, 12시 자정부터 시작하는 시곗바늘의 높이값을 xy 좌표에 일일이 표시를 하면 아래위로 오르락내리락하며 일정하게 반복되는 그래프가 된다. 이것이 사인곡선, 즉 사인그래프다. 12시에서 출발해 다시 12시로 돌아오는 한 사이클의 길이는 얼마나 될까? 반지름이 1인 원의 둘레일 테니까, 2π가 된다. 그러면 사인곡선은 좌표의 x축에는 2π 간격으로, y축에는 −1부터 1 사이를 오가며 출렁이는 그래프가 된다.

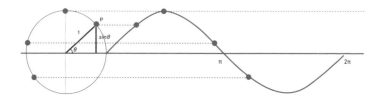

이제 사인곡선을 따라 상상의 자전거를 타보자. 출발이 가장 큰 난관이다! 기울기가 가장 크기 때문이다. 엄청난 오르막이다. 초인적인 에너지를 발휘하여 첫 난코스를 이겨내고 직진한다. 난관을 뚫었더니 조금은 쉬워진다. 저기 능선이 보이고 정상이 언뜻 보인다. 기울기가 조금 완만해졌다. 어느덧 정상이다. 여기보다 높은 지점은 안 보인다. 기울기는 0이다. 이제 내리막이다. 심호흡을 하고 내려간다. 완만했던 경사가 가팔라지면서 기울기가 가장 큰 급경사 지점을 지난다. 그러고는 다시 완만해지다가 바닥을 친다. 기울기가 잠깐 0이 되었다. 이제 다시 올라갈 것이고 기울기는 시시각각 바뀔 것이며 이 과정은 반복될 것이다. 상상의 자전거를 타고 산등성이를 몇 번 오르내리다 보면 쉽게 보일 텐데, 사인곡선의 기울기는 사인곡선이 x축을 통과하는 지점들에서 항상 최대가 된다. 여기서는 오르막으로 가장 가파르거나 내리막으로 가장 가파르거나 둘 중 하나다. 즉 사인곡선이 x축과 만나는 지점들은 y축의 값이 모두 0이다.

- x가 0이면 y는 0이고 이때가 가장 가파른 오르막이며 기울기는 1이다.
- x가 $\pi/2$이면 y는 1이고 이때가 정상에 딱 도착한 상태이며 기울기는 0이다.
- x가 π이면 y는 0이고 이때가 가장 가파른 내리막이며 기울기는 -1이다.
- x가 $3\pi/2$이면 y는 -1이고 이때가 바닥을 친 상태이며 기울기는 다시 0이다.
- x가 2π이면 y는 0이고 이때가 한 바퀴를 돌고 다시 돌아온 상태이며 기울기는 다시 1이다.

함수란 1,000원짜리 지폐를 입력하면 500원짜리 동전 두 개를 출력해주는 동전교환기처럼, 특정 값을 입력하면 특정 값이 출력되어 대응되는 관계를 가리킨다고 했다. 막대 모양 시곗바늘의 높이인 x값에 대해 각각 기울기 값을 구할 수 있고, 서로 대응 관계를 이루니까 기울기 값들 역시 함수가 된다. x값이 딱딱 끊어진 것이 아닌 연속적인 값인 것처럼, 이에 대응하는 기울기 값들 역시 연속적인데 그 값들을 좌표에 표시해보면 사인곡선과 모양은 똑같은데 아래위로 거울처럼 대칭을 이루는 그래프가 된다. 이것이 코사인곡선, 즉 코사인함수다.

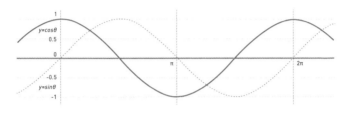

사인함수(점선)와 코사인함수(실선) 그래프

사인함수의 기울기를 구했더니 코사인함수가 나왔다. 곡선의 기울기를 구하는 작업을 '미분'이라고 했으니, 이제 우리는 딱딱해 보이던 다음 수학 명제를 이해할 수 있다.

"사인함수를 미분하면 코사인함수가 된다."

사인곡선의 각 점들에서 가로세로 비를 파악해 기울기를 구한 다음, 그 값을 좌표에 표시하여 연결하면 코사인곡선 그래프가 된다는 뜻이다. 사인과 코사인은 이렇게 서로 대칭을 이루며, 우리에게 유용한 패턴 계산들을 가능케 해준다. 이것을 기초 개념 삼아 발전시킨 것이 삼각함수다.

실생활에서의 유용성만 따지자면 삼각함수에 버금가는 것이 로그함수일 것 같다. 로그 개념도 이해해보자. 액수가 큰 돈을 이야기할 때 '0'이 몇 개나 붙는지 말하곤 한다. 0이 네 개, 여덟 개, 열두 개 붙을 때마다 만, 억, 조로 커진다. 큰 수를 셀 때 우리는 전통적으로 만 단위에 익숙하다. '만-만-억'이다. 만에 만을 곱하면 억이 된다. 그런데 미터법으로는 천씩 끊어서 쉼표가 표시되니까 참 헷갈린다. 보는 건 세 자리씩 끊어서 봐야 하고, 생각은 네 자리씩 끊어서 해야 하는 점이 여간 불편한 게 아니다. 난 아직도 10만 이상 숫자는 심호흡을 한번 하고 읽는다. 100,000,000,000,000⋯⋯ 이렇게 적는 대신 10의 몇 제곱이라고 표기하면 이해하기에 더 좋을 것이다. 우주의 크기는 8.8×10^{26}m이다. 작은 수를 표현할 때도 마찬가지다. 수소 원자핵의 크기는 0.000000000000001m인데, 10^{-15}m라고 표기하면 보기가 더 낫다.

0이 몇 개냐 하는 표현법을 달리 말하면 '지수'로 파악하는 것이다. 10^4이라면 '4'에 해당하는 수를 '지수'라고 한다. 10^4에 10^8을 곱하면 10^{12}이 된다. 10은 그대로 두고 지수 자리인 4와 8만 더하면 된다. 분명히 두 수를 곱했는데 우리는 방금 덧셈(4+8)으로 바꾸어 계산했다. 로그는 이 원리를 바탕으로 만들어진 계산법이다. 곱셈보다는 덧셈이 쉽다는 단순한 착상에서 비롯됐다. 곱해야 할 수가 정해져 있다면 덧셈으로 계산이 가능하다.

　과학 공부 입문서로 좋은 뉴턴 하이라이트 시리즈에 나온 사례를 하나 소개한다. 훌륭한 일을 한 농부에게 임금이 상을 내리기로 했다. 받고 싶은 것을 말해보라고 하자 이 사람이 답하기를, 오늘 쌀 한 톨만 주시고, 내일은 그 두 배인 쌀 두 톨, 그다음 날은 전날의 또 두 배 네 톨…… 이런 식으로 한 달 후에 계산된 양으로 쌀을 달라고 했다. 임금은 흔쾌히 수락했다. 한 달 뒤에 이 사람은 쌀 200가마를 받았다. 실은 이 사람이 나라 곳간을 염려하여 욕심을 꽤 자제한 것이다. 한 달에서 멈추지 않고 요청 기한을 열흘 더 연장했다면, 400가마, 800가마, 1600가마…… 이렇게 폭발적으로 늘어나 40일 후에는 받을 쌀이 20만 가마나 되기 때문이다. 아, 만일 그랬다면 쌀은커녕 사약을 받았을지도 모르겠다.

　이제 응용 문제로 바꾸어보자. 똑똑한 농부가 쌀 10억 알을 받게되는 때는 며칠째인가? 이런 계산을 쉽게 하려고 고안된 방법이 로그다. $\log_2 8$은 2를 몇 제곱해야 8이 나오냐는 물음을 기호로 바꾼

것인데 이 값이 3으로 계산돼 나온다. 농부는 언제 쌀 8알을 받게 되는가? 하는 질문의 답은 $\log_2^8$, 즉 3일째다. 그러면 10억 알을 받게 되는 날은 $\log_2^{1,000,000,000}$을 계산하면 된다. 29일째 5억 3,500알, 30일째에 10억 7,000알을 받게 되니까 답은 30, 한 달 뒤다.

지진의 규모나 용액의 농도, 소리의 크기 등의 계산에 로그가 적용된다. 지진이 일어나서 땅이 흔들릴 때, 1분 전 충격에 비해 지금 두 배 정도 더 흔들린다고 느꼈다면 아마도 실제 강도는 두 배가 아니라 훨씬 더 많이 증가했을 것이다. 찰스 리히터가 고안한 지진 강도 측정 기준으로는 1단계 증가하면 에너지 32배가 증가한다. 리히터 규모 진도 4와 진도 6의 충격 차이는 32배의 32배인 약 1,000배다. 국을 끓이다가 너무 싱거워서 소금을 넣었는데 갑자기 두 배 정도 짜졌다면, 아마도 실제 소금 농도는 10배 정도 높아졌을 것이다. 우리의 감각은 실제 수치와 다르게 작동한다. 산성도를 나타내는 기준인 pH(페하), 음량을 나타내는 기준인 dB(데시벨) 등이 이런 인간의 감각에 기반을 두고 만들어졌다.

밤하늘에 빛나는 별의 밝기를 가늠할 때 1등성, 2등성…… 이런 분류를 사용하는데 1등성이 6등성보다 여섯 배 밝은 것이 아니고 실제로는 100배 밝다. 6등성 빛의 양이 1이라면, 5등성 빛의 양은

2.5의 1제곱인 2.5가 되고, 4등성 빛의 양은 2.5의 2제곱인 6.3 정도 되며, 3등성 빛의 양은 2.5의 3제곱인 15.6 정도 된다. 2등성 빛의 양은 2.5의 4제곱인 39 정도 되며, 1등성 빛의 양은 2.5의 5제곱인 100 정도 된다. 이렇게 2.5라는 기준을 두고 몇 제곱을 하느냐에 따라 별의 밝기를 나눌 수 있다. log의 밑을 2.5로 두고 계산하면 된다.

제곱해서 커지거나 규칙적으로 아주 작아지는 어떤 규모를 다룰 때 로그를 활용하면 매우 유용하다. '천문학적'이라는 수식어가 나오게 된 것은 그 규모가 어마어마하기 때문인데 별들 사이의 거리, 은하들 사이의 거리를 로그 방식으로 파악하면 이해하기 쉬워진다. 어마어마한 양의 곱셈이 비교적 단순한 덧셈으로 바뀐다. 존 네이피어가 로그를 고안하자 계산기가 없던 시절 천문학자들의 계산 속도는 획기적으로 높아졌다. 계산 속도에 반비례하여 스트레스는 획기적으로 줄어들었을 테니, 이들의 수명도 많이 늘었을 것 같다. 수학은 생명과 건강에도 기여한다. 아참, 똑똑한 농부의 자산 관리에도 큰 도움이 되었다.

수학과 물리학, 그리고 예술

●

　예술에서 주로 발견되는 수학 원리는 비례와 대칭이다. 인도의 타지마할은 완벽한 좌우 대칭으로 유명한 아름다운 건축물이다. 스페인 그라나다에 있는 알람브라는 '대칭궁'이라는 별명을 갖고 있는데, 여러 수학 애호가들이 타지마할보다 더 좋아하는 특별한 장소다. 프란시스코 타레가의 유명한 기타 연주곡 〈알함브라 궁전의 추억〉의 그 '알함브라'가 이 알람브라다. 이제는 표기가 '알람브라'로 통일되었다. 알람브라 궁전에는 시각적으로 구성한 다양한 대칭 무늬들이 곳곳에 구현돼 있다.

　건축물에 반영된 수학의 역사를 살펴보면 고대 건축물의 황금비가 먼저 떠오른다. 황금비를 구현하려면 선을 둘로 나눌 때, 긴 쪽과 짧은 쪽의 비율이 나뉘기 전인 원래 선과 둘로 나눌 때의 긴 쪽(둘로 나뉜 것의 긴 부분)의 비율과 같도록 정하면 된다. 그 비율을 어림하면 1.618:1이 된다. 가장 유명한 것은 고대 그리스의 파르테논 신전 정면의 가로세로 비율이다.

부석사 무량수전의 정면과 측면 비율도 그 정도 된다. 괜찮아 보이는 감각은 동서양 공통인가 보다. 비너스 조각상의 상반신과 하반신 비율도 황금비이며, 우리가 평소에 자주 사용하는 신용카드도 황금비에 가깝다. 컴퓨터 모니터 역시 기술과 표준 문제로 그동안 생산되지 못했던 16:10 비율이 점차 선호되고 있다. '황금'이라는 용어 때문에 가장 좋은 비율이라고 생각하기 쉬운데, 자연과 본성에 가까운 비율이라고 보는 편이 조금 더 적절할 듯하다.

황금비는 피보나치 수열과도 밀접하다. 발견한 수학자 이름을 딴 '피보나치 수열'은 1, 1, 2, 3, 5, 8, 13, 21⋯⋯ 같은 모습이다. 자신과 바로 앞의 개수가 합산되면서 다음 수가 정해지는 수들이 차례로 나열되는 숫자 모음이다. 소라의 나선 모양, 꽃잎의 수, 솔방울에 촘촘하게 박힌 솔방울 씨앗의 배열 순서, 빽빽한 해바라기씨의 배열이 모두 피보나치 수열을 이룬다. 수가 커질수록 황금비에 가까워지는 것을 보건대 자연은 황금비를 좋아하는 듯하다. 인간의 시각 역시 그러한 것 같다.

건축과 미술이 시각 예술이라면 음악은 청각 예술이다. 우리가 소리를 듣는다는 것은 공기의 떨림을 우리의 청각 기관이 인지하는 것이다. 공기가 없는 우주 공간에서는 소리를 들을 수 없다. 우주 공간을 다룬 SF 영화에서 나오는 온갖 소리와 음향들은 극적 효과를 위해 어쩔 수 없이 선택한 예외 조건이다. 공기로 가득 찬 지구에서 공기의 떨림이 우리 귀에 전해지면 우리는 소리를 듣는다. 그 소리들 중에 어떤 것들은 듣기에 좋고 연속된 소리 흐름은 즐거움을 준다. 왜 어떤 소리는 듣기에 좋고 어떤 소리는 듣기에 안 좋을까 하는 궁금증이 아마도 음악이 태동하게 된 시작이 아니었을까. 줄을 팽팽하게 연결하고 나서, 이 줄을 1초에 330번 움직일 수 있다면 '미' 음이 들릴 것이며, 이 줄을 1초에 440번 움직일 수 있다면 '라' 소리가 들릴 것이다.

음정들 사이의 관계는 로그함수로 파악할 수 있다. 로그함수는 일정하게 곱해지는 커다란 수를 간단한 덧셈처럼 변환하는 계산법으로, 지진의 세기, 용액의 농도, 음량 등이 커지는 자연 현상의 규모를 인간의 감각으로 알아채기 쉽게 번역해준다. $\log_2 {}^8$은 3이다. 여기서 로그함수는 2를 몇 제곱해야 8이 되는지를 알려준다. 2가 들어간 자리를 로그의 밑이라고 하는데 로그의 밑에 어떤 수가 들어가면 그 수만큼 거듭제곱이 되며 규모가 커진다는 의미다. 우리에게 가장 친숙한 것은 10진법이다. 10을 로그의 밑으로 하는 계산을 우리가 자주 하기 때문에 이것을 상용로그라고도 부른다. 별의 밝기를 계산할 때는 로그의 밑을 2.5로 계산했었다. 음정들 사이 관계를 나타낼 때 로그의 밑은 1.06이다. 각 음정들 사이에는 1.06배의 관계가 있다. 즉, 음의 높이가 1.06배씩 높아진다.

피타고라스 학파는 음악에서 진동수에 따른 비례를 발견했다. 피타고라스는 만물이 일정한 비례를 이루며 존재하는데 그 특징을 가장 잘 보여주는 것이 음악이라고 여겼다. 분수로 표현할 수 없는 수(무리수)를 처음 발견한 것도 피타고라스 학파였는데, 이 무리수를 수로 인정하면 우주 만물과 현상이 정수의 비로 표현 가능하다는 전제 위에 구축했던 기존 체계가 무너지기 때문에 이를 철저히 비밀에 부쳤고, 무리수를 발견한 학파의 일원은 바다에 수장된 것으로 알려져 있다. 이 폐쇄성이 피타고라스 학파의 발전을 멈추게 했을 것이다. 무리수를 받아들이면 수의 영역이 훨씬 넓어지고 풍부해지는데도 말이다.

바흐는 수학의 대칭 원리를 음악에 적용해 좌우상하가 대칭이 되는 곡을 만들기도 했다. 현대의 음악가들은 컴퓨터와 전자 장치를 활용해 풍성한 음악을 만드는데, 음을 만들고 합성하여 음악을 완성시키는 기술의 원리를 거슬러 올라가 보면, 프랑스 수학자 푸리에(1768~1830)를 만나게 된다. 푸리에는 아무리 복잡한 파동(음파)이라 해도 결국 단순한 파동들이 합쳐진 것이라고 생각했고, 이를 수학식으로 표현하려고 노력했다. 그는 복잡해 보이는 파동이 가장 단순한 사인곡선과 코사인곡선의 복잡한 조합이라는 점을 발견했다. 단순한 파동들이 서로 중첩되면 복잡한 모양의 파동이 생기고, 이와 마찬가지 원리로 그 역순도 가능한 것이다. 기존의 복잡한 파동을 단순한 작은 단위로 쪼갤 수도 있고, 아예 새로 만들 수도 있다.

사람의 목소리를 닮은 인공지능 더빙 목소리 기술에는 모두 푸리에가 창안한 원리가 깔려 있다. 사람의 목소리를 파동으로 그려보면 저마다 독특한 모양을 나타내는데, 푸리에가 고안한 함수를 쓰면 웅성웅성하는 군중들 소음에서 특정인의 목소리를 찾아낼 수 있다. 푸리에 함수 기초 위에 고안된 기계 장치를 쓰면, 방 안에서 혼자 힘으로 오케스트라가 연주하는 교향곡의 다양한 악기들 소리를 모두 만들어낼 수도 있다. 음악의 아버지가 바흐라면 디지털 음악의 아버지는 푸리에라 할 만하다. 바흐가 만든 음악을 신시사이저로 연주하면 바흐와 푸리에의 완벽한 콜라보가 될 것이다.

음악, 미술, 문학에 이르기까지 예술가들의 사랑을 듬뿍 받는 자연의 대칭 원리는 이동/확대/축소에도 형태를 유지하는 특징을 가리킨다. 눈송이의 결정들을 보면 모양은 제각각이지만 6각형 형태로 대칭을 이루고 있음을 알 수 있다. 60도 대칭이다. 60도만 돌리면 원래 형태로 돌아가기 때문이다. 자연에서 가장 완벽한 대칭은 원이다. 움직이든 확대하든 축소하든 원래 형태를 그대로 유지한다. 프랙탈fractal도 대칭의 일종이다. 프랙탈은 부분을 확대하면 원래와 똑같은 패턴이 다시 반복되는 것을 일컫는데, 해안선의 형태가 대부분 프랙탈이다. 멀리서 본 형태와 작은 일부분을 가까이에서 확대한 형태가 거의 같다. 따라서 해안선 길이를 정확히 측정하려고 부분들을 확대할수록 새로운 부분들이 발견되므로 총 길이가 자꾸만 늘어나서 예상치와 계속 어긋나는 이상한 상황이 벌어진다.

네덜란드의 판화가 에셔는 프랙탈을 포함해 수학의 여러 대칭 원리를 작품 안에 다양하게 구현하고자 했다. 하늘에서는 기러기였는데 어느 지점에서 바다의 물고기로 바뀐다든지, 뫼비우스의 띠를 기어다니는 개미라든지, 오르막과 내리막이 구분되지 않는 끝없는 계단이라든지, 자기 손을 그리는 화가의 손이라든지…… 이렇게 제목만 들어도 생각날 법한 유명한 작품들을 남겼다.

퓰리처상을 수상하고 대중 독자의 사랑도 받은 호프스태터의 책《괴델, 에셔, 바흐》에는 바흐가 대칭 원리로 만든 음악과 대칭 원리로 그린 에셔의 그림들, 그리고 수학자 괴델이 증명한 '불완전성 정리'가 주요 테마로 등장한다. 괴델은 논리적으로 완벽한 체계를 만드는 것이 불가능하다는 점을 입증하여 수학계를 좌절시켰으나, 그것이 더 넓은 수학 세계를 여는 계기라는 점 역시 수학자들은 알고 있었다. 지나온 인류의 학문 발전 역사가 그러했기 때문이다.《괴델, 에셔, 바흐》에서 주로 다루는 것은 대칭, 자기복제, 역설 등인데 에셔의 그림과 더불어 삽화로 자주 등장하는 것이 르네 마그리트의 작품들이다. 여러 논리적 역설을 그림 주제로 자주 다루었던 화가 마그리트는〈유클리드의 산책〉이라는 작품을 그렸는데, 끝이 뾰족한 원뿔 모양 탑을 똑닮은 도로를 옆에 나란히 그렸다. 이 도로는 평행선이지만 이쪽 창가에서 보면 저쪽 멀리서 도로 양끝이 만난다.

르네 마그리트, <유클리드의 산책>

"평행선은 서로 만나지 않는다." 유클리드 기하학은 이것을 증명이 필요 없는 확실한 토대(공리)라고 여겼는데, 이 그림은 그 주장이 항상 맞는 건 아니라는 점을 넌지시 표현하고 있다. 평행선은 완벽한 평면에서만 만나지 않을 뿐이지, 굴곡이 있는 입체에서는 만날 수밖에 없다. 비유클리드

3장 · 과학과 수학

기하학은 휘어지고 울퉁불퉁한 세계를 다룬 기하학으로 아주 작은 영역에 불과한 유클리드 기하학에 비해 어마어마하게 방대하다.

수학과 물리학에서 중요하게 다루는 비례와 대칭 원리는 예술가들에게 영감을 불어넣는다. 그 예술가들은 혼신의 노력으로 작품들을 탄생시키고, 예술혼이 깃든 걸작들을 감상하며 수학자와 물리학자들은 자연의 신비를 밝힐 수 있는 놀라운 깨달음을 얻는다. 그러한 조화로운 연결이 참으로 아름답다.

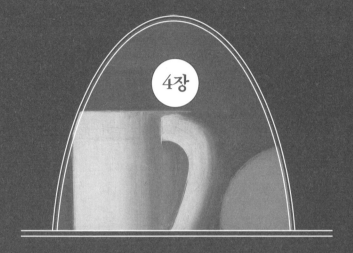

4장

우주와 인간

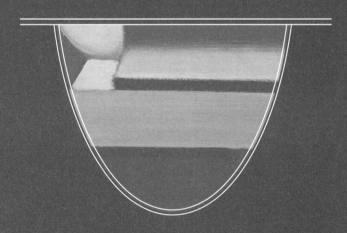

우주의 탄생

12월 31일 밤 11시 59분 59초에 시작된 과학의 역사

모양도 같고 성능도 같은 동일한 랜턴 제품이 두 개 있다. 하나는 50미터에서 우리를 비추고, 또 하나는 100미터에서 우리를 비춘다. 50미터에서 랜턴의 밝기가 100이라면 100미터 떨어진 곳에서 랜턴의 밝기는 반으로 줄어들어 50이 될 것이다. 달리 말해 저기서 빛나는 것들이 똑같은 제품 모델이라는 점만 알면, 밝기가 두 배 정도 차이가 날 때 그 둘 사이의 거리도 두 배 정도 차이가 난다는 점을 유추할 수 있다. 천문학자들은 별들 사이의 거리를 잴 때 이 방법을 쓰면 될 거라고 추측했다. 즉, 종류가 같은 별인 '표준 랜턴'을 찾으려 했다. 표준 랜턴으로 적합한 별을 찾는 건 그렇게 쉬운 일이 아니었는데, 마침내 미국의 천문학자 헨리에타 리

빗(1868~1921)이 그 방법을 찾았다. 똑같은 특성을 뚜렷하게 보이는 같은 종류의 별들을 찾아냈는데, 이 표준 랜턴 같은 별이 '케페우스 변광성'이다. 영어식으로는 '세페이드 변광성cepheid variable star'이라고 부른다. 우주를 재는 훌륭한 줄자를 발견한 것이다. 비로소 드넓은 우주를 올바르게 측량할 준비물이 마련되었다.

미국 천문학자 에드윈 허블은 우리 은하수 이외의 다른 은하를 최초로 발견했다. 허블이 '안드로메다 은하'를 발견한 게 1924년인데, 내가 초등학생 때이던 1980년대에도 어린이 교양 과학 잡지나 TV 프로그램에는 '안드로메다 성운'이라고 불렸던 것을 기억한다. '성운'은 별무리라는 뜻이다. 그리고 보면 새로운 과학 지식이 대중 속으로 전파되기까지는 무척 오랜 시간이 필요한 것 같다.

풍선을 작게 불고 사인펜으로 점 두 개를 찍은 다음, 다시 더 크게 풍선을 불면 풍선 부피가 커지면서 점들 사이가 멀어질 것이다. 허블은 외부 은하들을 계속 발견하고 분석해나가면서 은하들 사이의 거리가 점점 멀어지고 있다는 점을 알아냈다. 그것은 우주가 점점 커지고 있다는 말로밖에 설명할 길이 없었는데, 이 과정을 동영상 역재생하듯 거꾸로 돌려보면 팽창하기 전의 상태로 돌아갈 수 있다는 말이 되었다. 즉, 풍선을 불기 전 상태가 있는 것이다. 허블은 팽창이 시작되기 전 최초의 우주 상태를 가정했다. 우주 팽창을 주장했던 알렉산더 프리드만, 대폭발을 주장했던 조르주 르메트르, 그리고 조지 가모프 같은 천문학자들의 선구적인 연구에 허블의 발견이 결합되었다. 빅뱅 가설은 그렇게 우리 우주의 역사를 설명하는 강력한 이론이 되었다.

대중과의 소통에서도 특별한 재능을 발휘했던 천체물리학자 칼 세이건(1934~1996)은 직접 기획하고 진행까지 맡은 TV 다큐멘터리 〈코스모스〉로 전 세계에 엄청난 반향을 불러일으켰다. 2014년에 내셔널 지오그래픽 채널에서 다시 만든 〈코스모스〉는 칼 세이건의 원작을 현대적인 감각으로 재구성하여 새로 만든 작품인데, 제1부에 우주의 역사를 1년 달력으로 압축해 설명하는 대목이 나온다. 138억 년 우주 역사를 1년으로 압축하면, 1월 1일 0시에 빅뱅이 일어나며 우주가 팽창했고, 3월 중순에 우리 은하가 생겨났다. 8월말에 태양계가 만들어졌으며 지구는 9월에야 탄생했다. 지구에 생명체가 나타난 때는 9월 25일쯤이다. 마지막 날인 12월 31일이 되고도 한참이 지난 밤 9시 45분에야 인류는 두 발로 걷기 시작했다. 1년의 마지막 날인 12월 31일의 마지막 14초가 인류 역사인데, 밤 11시 59분 59초경에 갈릴레이가 망원경으로 밤하늘을 처음 올려다보았다. 그러니까 천문학을 포함한 근대 과학의 역사가 우주 달력에서는 1초다. 케플러도, 뉴턴도, 아인슈타인도 모두 이 1초 안에 있다.

금속활자와 활판인쇄를 이야기할 때 세계인들은 최초 고안자인 고려인들보다 구텐베르크를 먼저 떠올린다. 역사는 최초 고안자에게 한 문장을 내어주지만 최대로 활용한 자에게는 한 쪽을 할애한다. 우리는 토머스 뉴커먼이라는 증기기관의 선구자보다 제임스 와트에 관해 더 많이 알고 있다. 갈릴레이도 그러했다.

갈릴레이가 망원경의 발명자는 아니지만, 망원경 하면 갈릴레이가 먼저 떠오른다. 망원경이 발명되고서 너도나도 먼 곳에 있는 사람들이나 풍경을 신기한 듯 쳐다보고 있을 때, 갈릴레이는 캄캄한 밤하늘을 올려다보며 미지의 것을 찾아내려고 했다. 망원경으로 달을 올려다본 사람은 갈릴레이 말고도 많았지만, 가장 치밀하고 꾸준하게 연구한 이는 갈릴레이였다. 자신이 고안하여 배율을 높인 망원경의 배율을 세 달 만에 20배 높였을 정도이니, 그의 열정이 어떠했을지 짐작할 수 있다. 아리스토텔레스의 이론대로라면 달은 매끄러운 원이어야 했는데, 갈릴레이가 관측한 달은 울퉁불퉁함 자체였다.

갈릴레이는 '마케팅' 감각도 좋았던 것 같다. 목성에 달이 네 개나 있다는 사실을 발견하고서는 이 새로운 천체들에 메디치 가문의 군주와 형제들 이름을 붙이고 싶다고 먼저 제안했으며, 당사자가 당연히 수락할 거라 여기고 답장을 받기도 전에 위성들 이름을 책에 미리 인쇄해두었다. 마케팅 감각은 더러 약간의 허풍을 동반하기도 하는데, 《시데레우스 눈치우스Sidereus Nuncius》('별의 전령'이라는 뜻)보다 더 흥미진진한 속편을 곧 내겠다는 약속은 끝내 지켜지지 않았다. 그가 기여한 과학 활동과 분야의 방대함을 고려하건대 그런 것까지 타박할 순 없을 듯하다.

칼 세이건은 《코스모스》에 이렇게 적었다. "별에서 만들어진 물질이 별에 대해 숙고할 줄 알게 됐다." 별에서 만들어진 물질이란 바로 우리 인류다. 인류가 만든 물체 중에 현재 지구에서 가장 멀리 떨어져 있는 것은 보이저 1호다. 그다음은 보이저 2호다. 두 탐사선 모두 태양계를 벗어나 성간 우주 영역 '인터스텔라Interstellar'에 진입했다. 보이저호는 둘 다 1977년도에 발사됐는데 그때 출발한 이유가 있다. 태양계 행성들의 공전 궤도를 고려했을 때, 행성들을 가장 가까이에서 가장 효율적으로 관찰할 수 있기 때문이다. 조금 늦게 출발했다면 탐사를 포기해야 하는 행성들이 생겼을 것이다.

보이저 1호는 임무를 완수하고 나서 1990년 2월 14일 밸런타인데 이에 진행 방향 반대로 카메라를 돌려 태양계 행성 여섯 개가 한 프레임에 들어가는 '가족사진'을 찍었다. 1977년에 출발한 보람이 있었다! 보이저 프로젝트 화상 팀을 이끌며 태양계 가족사진 촬영을 제안하고 설득했던 칼 세이건이 '창백한 푸른 점'이라고 일컬은 지구도 그 사진 안에 있었다.

우리는 여기 지구의 작은 실험실 안에서 저 까마득히 멀리 떨어진 별의 구성 성분을 정확히 알 수 있다. 직접 다 겪어보지 않고서도 아는 것, 보이지 않는 것을 보는 것, 그런 일을 과학자들이 가능케 한다. 별빛을 분석하여 별의 구성 성분을 아는 방법은 1787년에 태어나 유리 세공 공장에서 고된 노동을 하며 불우한 어린 시절을 보냈던 독일의 과학자 요제프 프라운호퍼가 찾아냈다. 그는 태양의 스펙트럼을 분석하다가 스펙트럼이 단절되는 수많은 검은 세로줄을 발견했고, 그 검은 줄이 혹시 태양의 구성 성분을 밝혀줄 비밀스러운 단서가 아닐까 하고 추측했다. 그 생각은 적중했다. 우리는 수십억 광년 떨어진 별의 구성 성분까지 정확히 알 수 있는데, 그 길을 프라운호퍼가 처음 열었다.

천문학자 아노 펜지어스와 로버트 윌슨은 우주 탄생 초창기의 빛이 차갑게 식어서 우주 곳곳에 퍼져 있는 '빅뱅의 메아리'를 발견했다. 헨리에타 리빗은 별들 사이의 거리를 재는 표준 줄자인 케페우스 변광성을 찾아냈다. 천문학자들은 별빛으로 우주의 나이(시간)를 알았고, 별빛으로 우주의 거리(공간)를 알았다. 아폴로 8호는 달 궤도를 처음 돈 우주선인데, 이때 촬영한 '지구돋이Earthrise' 사진은 지구인들에게 신선한 충격을 주었다. 지구가 우주의 중심이 아니라는 점은 누구나 기초적인 상식으로 잘 알고 있지만, 그건 학교에서 배운 책 속의 지식일 뿐이었다. 이 사진 한 장이 생생하게 살아 있는 지식이 돼주었다. 살면서 '우주에서 보면'이라는 관점을 새로 갖게 되는 건 사고의 커다란 진전이다. 비록 직접 우주에 나가 보지 않더라도 말이다. 우주라는 관점으로 보면 사소한 것들로 아웅다웅하는 일이 조금은 줄어든다.

아폴로 11호의 닐 암스트롱 선장이 1969년 7월에 인류 최초로 달 표면에 첫걸음을 내딛으며 이런 말을 했다. "한 인간에게는 작은 발걸음이지만, 인류에게는 거대한 도약이다." 항공우주 분야는 과학, 기술, 사상, 예술 등 전 분야의 협업이 필요한 종합 산업이다. 암스트롱의 작은 첫 발걸음을 모든 인류가 숨죽이며 지켜보았던 것처럼, 우리의 삶과 미래에 커다란 영향을 끼치는 우주 프로젝트에 우리는 눈과 귀를 뺏긴다. 2018년 11월 미항공우주국NASA은 탐사선 '인사이트InSight'호의 화성 착륙 과정을 중계했는데, 나도 새벽 3시부터 일어나 지켜보았다. 중계된 장면이 탐사선에서 찍은 것이 아니라 나사 통제 센터의 모습을 보여주는 것이라서 조금 아쉬웠지만, 오랜 시간에 걸친 협업이 성공적으로 마무리되어 환호하고 서로 격려하는 직원들 모습을 보는 것도 충분히 감동적이었다. 평소 치열한 경쟁자인 유럽항공우주국ESA의 부서장이 현장에서 축하 인사를 건네는 장면도 보기 좋았다. '우주에서 보면' 다 같은 친구고 동료다.

"앞으로 앞으로…… 지구는 둥그니까 자꾸 걸어나가면 온 세상 어린이를 다 만나고 오겠네……." 동요 〈앞으로〉는 작사가인 윤석중이 1969년 아폴로 11호의 달 착륙에 영감을 받아서 노랫말을 지었다고 한다. 그러니까 이 노래를 제대로 이해하려면 우리가 아폴로 11호 승무원이 되어 달나라에 내린 다음 거기서 저 멀리 보이는 작고 둥근 지구를 상상하면서 불러야 하는 것이다. 우주에는 위아래가 없다. 지구도 마찬가지다. 보통 북쪽을 위라고 여기기 쉬운 것은 그렇게 지도를 그려온 관습 때문이다. 근대 시대의 패권을 차지했던 나라들이 북반구에 대부분 있었기 때문일 것이다. 우주 달력으로 보면 마지막 날의 마지막 1초가 근대 과학의 역사인데, 마지막 14초로 확장하면 우리 인류의 역사가 된다. 그 14초 안에 우리 인류의 모든 희로애락, 그리고 전쟁과 평화가 담겨 있다. 천문학 지식은 우리에게 알려준다. 우주에는 위아래가 없으니 우주의 일부인 우리도 마찬가지일 것이다. 사람 위에 사람 없고, 사람 밑에 사람 없다.

원소와 주기표

하나뿐인 세계에 존재하는 사람 수만큼의 세상들

노벨상 수상자인 미국의 화학자 글렌 시보그(1912~1999)는 원소 기호만으로 자기에게 택배를 보낼 수 있는 유일한 사람이라는 우스갯소리가 있다. 시보그가 살았던 시기에 배송 주소를 "Sg, Bk, Cf, Am"이라고 적었다면 실제로 그에게 택배가 배달되었을지도 모른다.

Sg(시보귬), Bk(버클륨), Cf(캘리포늄), Am(아메리슘)

시보그 교수, 버클리대학교, 캘리포니아주, 미국

자신의 이름을 딴 원소가 있을 정도면 얼마나 대단한 과학자였는지 짐작할 수 있을 것이다. 시보그는 여러 원소를 새로 발견했는데, 마침내 주기표를 완성할 마지막 퍼즐에 해당하는 원소까지 발견했다고 확신하며 그 원소에 궁극의 물질이라는 뜻을 부여해 '울티늄' 같은 이름을 붙이려고 했다. 그렇지만 멋있는 최종 완결판 이름을 고집하지 않고 '플루토늄'이라고 이름을 붙였던 게 천만다행이었다. 그 후로 새로운 원소들이 계속 발견되었으니 말이다.

플루토늄과 발음이 비슷해서 헷갈리기 쉬운 원소 이름 '플래티넘'은 백금을 가리키는데 '최고'라는 말뜻이 담겨 있다. 인터넷 쇼핑몰의 멤버십 최고 등급이 '플래티넘'인 경우가 있는데 그 플래티넘이 이 플래티넘, 바로 백금이다. 인터넷 쇼핑몰에서 쉽게 살 수 있는 '화이트골드' 액세서리는 백금이 아니다. 표현이 비슷해서 오해하기 쉽지만 화이트골드는 도금을 다시 하얗게 도금한 것이라서 백금보다 훨씬 싸다. 금관악기 재료로 쓰이는 니켈실버라는 금속이 있는데 이것도 이름에 속으면 안 되는 게 실버(은)는 전혀 안 들어간 아연, 구리, 니켈 합금이기 때문이다.

원소들을 비슷한 특성과 주기적인 성질에 따라 규칙적으로 배열한 표를 원소주기율표 또는 원소주기표라고 한다. '주기율'이라는 말은 '주기적인 법칙'이라는 뜻으로 지어진 명칭인데 자칫 '비율'

같은 것을 연상시킬 수 있기 때문에 '주기표'라고 표현하는 게 더 나을 것 같다. 과학은 한마디로 패턴을 찾는 학문인데, 만물을 구성하는 최소 물질인 원소들에도 어떤 일정한 패턴이 존재한다는 점이 밝혀졌다. 주기표의 선구자인 러시아 화학자 드미트리 멘델레예프(1834~1907)는 원소들의 이런 특성을 처음으로 체계적으로 정리해 발표했다.

원자는 중심에 원자핵이 있고, 그 주변에 보이지 않는 껍질이 겹겹이 싸여 있는데 이 껍질 각각에는 채워질 수 있는 전자의 수가 정해져 있다. 첫 번째 껍질에는 전자가 두 개까지 들어갈 수 있고, 두 번째 껍질에는 네 개까지 들어갈 수 있는 그런 형태다. 정해진 자리에 전자들이 차곡차곡 채워지면 바깥 껍질에 다시 정해진 자릿수만큼 전자들이 채워지기 시작한다. 해당 껍질의 전자 수를 다 채운 원소들은 배가 불러서, 즉 안정적인 상태가 되어 다른 원소들과 별로 결합하려고 하지 않는다. 라이터를 갖다 대도 불이 안 붙는 원소들이 대개 이런 경우에 해당한다. 아쉬울 게 없으니 반응도 하지 않는 뚱한 원소들인데 달리 말하면 그렇기 때문에 안전한 원소들이다. 그중 하나인 헬륨은 불에 타지 않아서 터질 위험이 없다. 대신 한 모금 마시고 말을 하면 주변 사람들을 빵 터지게 할 수 있으니

주의해야 한다.

어떤 원소들은 다 채워질 수 있는 껍질에 전자가 하나 모자란 상태가 되고 하나가 남는 상태가 되기도 하는데 이러면 모자라거나 남는 구조들끼리 서로 결합하려는 경향을 보인다. 주기표에는 비슷한 특성을 지닌 원소들이 서로 묶여서 배열돼 있으므로 그런 특징과 패턴을 한눈에 알 수 있다. 멘델레예프는 뛰어난 통찰력을 발휘했는데, 이제까지 발견된 것들로 표를 꽉 채운 것이 아니라, 구조적인 패턴을 먼저 구상한 다음에 이미 발견된 것들을 그 패턴에 맞게 끼워 넣었다. 그래서 중간중간에 이가 빠진 불완전한 표가 만들어졌다. 어느 시대든 과학자들은 자기 시대의 과학을 최첨단이라고 여기면서 완성 직전 단계에 와 있다고 생각하는 경향을 어느 정도는 갖고 있는데, 그는 원소들이 거의 다 발견됐을 것이라고 섣불리 단정 짓지 않고 패턴이 채워지지 않는 부분들은 후대에 발견되기를 기약하며 공란으로 남겨두었다. 신기하게도 공란들은 멘델레예프가 예측한 패턴의 속성에 맞는 금속들이 후대에 새로이 발견되면서 차곡차곡 채워졌다. 우리 세대에 다 못하면 다음 세대가 하면 되는 것이다.

주기표를 보면 가장 윗줄 왼쪽 처음에 수소(H)가 있고 멀찍이

원소주기표

1	2	3	4	5	6	7	8	9	10	11	12	13	14	15	16	17	18
1 H 수소																	2 He 헬륨
3 Li 리튬	4 Be 베릴륨											5 B 붕소	6 C 탄소	7 N 질소	8 O 산소	9 F 플루오린	10 Ne 네온
11 Na 소듐	12 Mg 마그네슘											13 Al 알루미늄	14 Si 실리콘	15 P 인	16 S 황	17 Cl 염소	18 Ar 아르곤
19 K 포타슘	20 Ca 칼슘	21 Sc 스칸듐	22 Ti 타이타늄	23 V 바나듐	24 Cr 크로뮴	25 Mn 망가니즈	26 Fe 철	27 Co 코발트	28 Ni 니켈	29 Cu 구리	30 Zn 아연	31 Ga 갈륨	32 Ge 저마늄	33 As 비소	34 Se 셀레늄	35 Br 브로민	36 Kr 크립톤
37 Rb 루비듐	38 Sr 스트론튬	39 Y 이트륨	40 Zr 지르코늄	41 Nb 나이오븀	42 Mo 몰리브데넘	43 Tc 테크네튬	44 Ru 루테늄	45 Rh 로듐	46 Pd 팔라듐	47 Ag 은	48 Cd 카드뮴	49 In 인듐	50 Sn 주석	51 Sb 안티모니	52 Te 텔루륨	53 I 아이오딘	54 Xe 제논
55 Cs 세슘	56 Ba 바륨	57-71	72 Hf 하프늄	73 Ta 탄탈럼	74 W 텅스텐	75 Re 레늄	76 Os 오스뮴	77 Ir 이리듐	78 Pt 백금	79 Au 금	80 Hg 수은	81 Tl 탈륨	82 Pb 납	83 Bi 비스무트	84 Po 폴로늄	85 At 아스타틴	86 Rn 라돈
87 Fr 프랑슘	88 Ra 라듐	89-103	104 Rf 러더포듐	105 Db 더브늄	106 Sg 시보귬	107 Bh 보륨	108 Hs 하슘	109 Mt 마이트너륨	110 Ds 다름슈타튬	111 Rg 뢴트게늄	112 Cn 코페르니슘	113 Nh 니호늄	114 Fl 플레로븀	115 Mc 모스코븀	116 Lv 리버모륨	117 Ts 테네신 (294)	118 Og 오가네손

57 La 란타넘	58 Ce 세륨	59 Pr 프라세오디뮴	60 Nd 네오디뮴	61 Pm 프로메튬	62 Sm 사마륨	63 Eu 유로퓸	64 Gd 가돌리늄	65 Tb 터븀	66 Dy 디스프로슘	67 Ho 홀뮴	68 Er 어븀	69 Tm 툴륨	70 Yb 이터븀	71 Lu 루테튬
89 Ac 악티늄	90 Th 토륨	91 Pa 프로트악티늄	92 U 우라늄	93 Np 넵투늄	94 Pu 플루토늄	95 Am 아메리슘	96 Cm 퀴륨	97 Bk 버클륨	98 Cf 캘리포늄	99 Es 아인슈타이늄	100 Fm 페르뮴	101 Md 멘델레븀	102 No 노벨륨	103 Lr 로렌슘

과학의 위로

떨어진 오른쪽 끝에 헬륨(He)이 있다. 그리고 그 아래에 나머지 원소들이 배열돼 있다. 화학에서는 모든 원소들을 특성에 맞게 구체적으로 분류하지만, 천문학에서는 수소와 헬륨 빼고 나머지 원소들을 금속이라고 부른다. 우주의 대부분은 수소와 헬륨이 차지하고 있으며, 나머지 찌꺼기들이 있다고 본다. 우주의 구성 물질을 분석하면 수소가 74퍼센트, 헬륨이 24퍼센트 정도다. 나머지 원소들을 합친 양은 1퍼센트 남짓이다. 왜 나머지를 '금속'이라고 부르는지 이해될 것 같다. 원소들을 무시해서가 아니라 수소와 헬륨 비중이 워낙 크기 때문이다.

앙투안 라부아지에(1743~1794)시대에는 30여 종까지 발견되었고 멘델레예프 시대에는 63종까지 발견됐던 원소가 현재 118종까지 발견되었다. 자연 상태에서 발견되는 원소들은 90종 정도고 나머지는 실험실에서 인위적으로 만들어낸 것들이다. 입자가속기라는 거대한 장치에서 입자들을 빛의 속력에 가깝게 가속시킨 다음 충돌시켜서 만든다. 스위스와 프랑스 국경에 걸쳐 있는 유럽입자물리연구소CERN, 이른바 세른이 가장 거대한 입자가속기를 운영하고 있다.

세른에는 전 세계에서 모인 물리학자들이 거주하며 연구 활동을 하고 있는데, 재미있게도 이들의 공용어는 영어가 아니라 '브로큰 잉글리시'라고 한다. 일반적인 영어 문법을 별로 신경 쓰지 않고, 떠오르는 대로 서로 맘대로 지껄이는데 의사소통이 잘 된다고 한다. 우리도 좀 그랬으면 좋겠다. "미국인은 그렇게 말하지 않는데…… 그건 본토 발음과 너무 다른데…… 전치사가 틀린 거 같은데……" 이런 사소한 것들을 신경 쓰느라 긴장만 하다가 사고까지 경직된 건 아닌지, 그런 생각이 든다. 전철역에서 외국인이 혹시라도 영어로 말을 걸까 봐 두려운데 왜 두려운지 곰곰이 생각해보면 올바른 문법으로 올바르게 대답하지 못하면 창피한 거라는 편견이 내 안에 오래도록 자리 잡고 있기 때문인 것 같다. 에라 모르겠다, 너가 궁하지 내가 궁하냐…… 헬륨처럼 외부 자극에 무덤덤한 그런 태도가 필요한데 그게 참 안 된다.

주기표에서 어떤 원소의 좌우나 위아래에는 비슷한 성질을 지닌 원소들이 배치돼 있다. 슈퍼나 편의점에서 살 수 있는 1회용 건전지를 1차전지라고 하고, 충전하여 계속 사용할 수 있는 전지를 2차전지라고 한다. 배터리가 2차전지다. 2차전지를 만들 때 전기를 잘 만들어내면서도 무게와 부피가 적은 물질을 사용하는데 그 대표적인 원소가 리튬(Li)이다. 리튬은 전자를 방출하는 경향이 매우 커서 전기를 잘 일으킨다. 그런데 불이 잘 난다. 화재 위험이 늘 도사리고 있다는 점과, 특정 국가에 매장량이 편중돼 있어서 자칫 공급이 막힐 수도 있다는 단점이 있다.

연구자들은 주기표에서 리튬 아래에 있는 물질에 주목했다. 그것은 바닷물만 퍼 올리면 언제든 이용할 수 있는 물질, 나트륨(Na)이다. 나트륨을 2차전지 소재로 쓰는 데 필요한 기술 개발은 이미 끝났다. 다만 기존 배터리 생산 시설이 리튬전지 생산에 맞춰져 있고, 새로운 생산 설비를 지으려면 엄청난 신규 투자가 필요하기에 상용화가 언제 추진될지는 모른다. 2000년대 초에 나는 인터넷 회사를 다니고 있었는데, 그때 스마트폰 시대가 금세라도 올 것처럼 떠들썩했던 것을 기억한다. 장밋빛 전망은 이내 자취를 감추었는데 그때의 전망들은 10년쯤 뒤에나 실현되었다. 기술도 때를 잘 만나야 하는 것 같다. 사람의 일도 물론 그렇다. 능력이 출중하고 충분한 준비가 되었어도 시대와 환경이 뒷받침해주지 않으면 빛을 보기 어려운 것이다. 그럴 때는 좌절하지 말고 자신을 잘 추스르며 때를 기다리는 게 낫다.

야간에 고속도로를 달릴 때면 수많은 노란색 가로등을 보며, 저 많은 등을 밝히려면 전기료가 얼마나 많이 나올까 생각하곤 했다.

궁금해서 나중에 찾아보니 고속도로나 터널 안을 노랗게 밝히는 전구는 나트륨등이었다. 다른 물질을 사용할 때보다 수명이 오래 가고 전기를 적게 사용한다고 한다. 그렇지만 인생사에서 한 세대 가 지나면 새로운 세대가 그 자리를 차지하는 것이 순리인 법, 이 제 나트륨 세대는 저물고 LED로 세대교체가 진행 중이라고 한다. 터널이나 건물에 화재가 일어나면 전기가 차단되고 전등이 꺼진 다. 비상 전력이 가동되지만 그마저 나가버리면 속수무책이다. 이 때 비상구 표시는 어둠 속에서도 빛날 것이다. 전기를 쓰는 것이 아 니기 때문이다. 빛이 있을 때 빛을 천천히 흡수했다가 빛이 없어지 면 저장한 빛을 천천히 방출하는 현상을 야광이라고 하는데, 비상 구에는 그런 효과를 촉진하는 디스프로슘(Dy)이 함유된 물질로 야 광 처리가 돼 있다. 캄캄한 영화관에서도 앞쪽 구석의 비상구는 여 전히 빛을 내고 있다. 영화 볼 때만이라도 좀 꺼두면 안 될까 하는 바람직하지 못한 생각을 한 적도 있는데, 사실 전기를 차단해도 비 상구 표시는 어둠 속에서도 여전히 보일 것이다.

특정 원소가 특정 목적에 특화된 경우들이 있다. 바륨(Ba)이 들 어간 액체를 마신 다음 X-선 촬영을 하면, X-선이 투과하지 못하 는 바륨 특성상 소화기관이 X-선 촬영 화면에서 하얗게 잘 보인다.

내시경을 하지 않고서도 손쉽게 이상 징후를 알아챌 수 있다. 루비듐(Rb)은 혈액에 잘 흡수된다. 혈액의 흐름을 추적하는 뇌 검사 장비가 fMRI인데 루비듐을 섭취한 환자를 이 장치로 진찰하면 혈액 흐름을 볼 수 있다. 엄밀히 말하면 혈액 흐름은 안 보이지만 혈액 속에 들어간 루비듐의 이동은 보인다. 이것을 분석하여 혈류가 급격히 느려지는 곳을 찾아 병을 진단한다. 원소 특성을 잘 분석하면 쉽게 접근하기 어려운 실체에 가까이 갈 수 있다.

공룡이 멸종했던 시기의 화석 주변 지층에는 이리듐(Ir) 원소가 많이 검출된다. 그런데 신기한 점은 이리듐이 지구에서 발견되기가 너무나 어려운 희귀한 원소라는 점이다. 그 많은 이리듐은 다 어디서 왔을까? 운석을 타고 우주에서 왔다. 이리듐은 이렇게 공룡 멸종에 대한 유력한 가설인 운석충돌설의 중요한 증거가 되었다.

'탄소-14'라는 원소는 화석의 생성 연대를 알아내기 위해 사용된다. 이 원소는 탄소와 사촌형제쯤 되는 원소인데 다른 것은 다 똑같은데 중성자 수만 조금 다르다. 모든 원소는 양성자의 수의 차이에 따라 그 특성이 달라진다. 모든 원소의 기원이라고 할 수 있는 수소 원자는 양성자 하나로만 이루어져 있다. 수소의 사촌형제인 중수소와 삼중수소에도 양성자는 하나뿐이지만 중성자가 각각 한 개,

두 개 있다. 보통 탄소는 양성자 여섯 개, 중성자 여섯 개로 이루어 지는데, 탄소-14는 양성자 여섯 개에 중성자가 여덟 개다. 양성자 수가 같은 사촌형제 원소들을 '동위원소'라고 부른다. 동위원소인 탄소-14는 안정적인 탄소(탄소-12)에 비해 불안정하므로 시간이 지나면서 차츰 안정화된 다른 물질로 상태가 바뀐다. 그 주기가 일정하기 때문에 일종의 시계로 활용할 수 있고, 생명체 안에 포함된 탄소-14의 총량을 잘 측정하면 그 생명체가 살아 있던 시기를 추정할 수 있다. 그런데 최대로 측정할 수 있는 시대가 5만 년 전까지라서 공룡처럼 수천만 년 전에 살았던 생명체에는 적용할 수 없는 측정법이다. 고고학에서는 탄소-14를 활용한 측정법이 여전히 널리 쓰이는데, 측정 연대가 더 긴 다른 원소들을 활용한 방법들도 있다.

우리 삶 전반에 걸쳐 원소들의 응용 사례는 지면이 모자랄 정도로 많다. 그중에는 원리를 모르고서 응용하는 경우도 많다. 영양 성분을 분석할 기술이 전혀 없던 옛날부터 임산부가 미역국을 먹었던 것은, '먹으니까 좋아지더라' 하는 기존 한반도 거주 엄마들의 빅데이터가 있었기 때문이다. 왜 좋은지는 불분명하지만 몸에 좋은 건 분명했다. 나트륨은 수분을 조절하는 역할을 하고, 칼슘(Ca)은 신경 자극을 전달하거나 혈액을 응고시키는 역할을 한다. 칼

륨(K)은 근육과 신경의 활동을 촉진한다. 이런 원소들을 묶어서 미네랄이라고 부른다. 비소(As)는 독성이 아주 강해서 신체 활동을 아예 죽이는 독약으로 쓰이곤 했던 물질인데 현재는 백혈병 치료제로도 쓰인다. 독과 약은 서로 통하나 보다.

초전도란 전기가 밖으로 새지 않고 그대로 유지되는 현상이다. 극저온 상태에서 잘 일어나는데 상온에서도 사용 가능한 상용화 기술이 개발 중이다. 초전도 기술을 활용하면 전기를 낭비 없이 활용할 수 있다. 초전도 케이블에 '비스무트(Bi)'라는 원소를 첨가하면 초전도 효율이 좋아지는데 왜 좋아지는지 아직 모른다. 그런데 넣어보니 좋아져서 계속 넣고 있다.

전기를 생산한 다음에 가정까지 배달하려면 도중에 이리 새고 저리 새서 원래 에너지의 반도 채 안 남는다. 초전도 기술을 활용하면 생산량 거의 그대로 가정이나 공장에 공급될 수 있으니 상용화되면 에너지 혁신이 일어날 것이다. 돈을 50만 원 더 버는 것과 50만 원을 덜 쓰는 것은 가계부에서는 같다. 에너지를 100만큼 생산해 50을 쓰는 것이 아니라, 50만큼만 생산하여 50을 쓰는 것도 결과적으로는 같다. 그렇지만 적게 생산하여 낭비 없이 쓰는 게 더 바람직해 보인다.

인간은 이율배반적인 존재 같다. 아이에게 항상 솔직하게 표현하라고 가르치다가도 너무 솔직하게 표현하는 아이에게 왜 그렇게 눈치 없이 말하냐며 타박한다. 뉴스를 보면서, 주택 공급이 안정화되어 전반적으로 주택 가격이 낮아지는 게 바람직하다고 말하다가도 내 집값 떨어지는 건 참지를 못한다. 나이는 천천히 먹어야 하지만, 주말은 빨리 와야 한다. 인간은 다중인격체인 욕심쟁이다. 코발트(Co)는 짙푸른 바다 색깔인 '코발트블루'를 떠오르게 하는 원소다. 신기한 점은 코발트에 물을 얼마나 섞느냐에 따라 블루가 되기도 하고 핑크가 되기도 한다는 점이다. 안약의 붉은 빛은 코발트 때문이다. 누구를 만나느냐에 따라 모습과 성질이 정반대로 바뀐다니, 먹과 친해지면 검어진다는 고사성어, 친구 잘 사귀라는 어르신들 말씀이 떠오른다.

원소들은 금괴 같은 물건 빼고 그 원소 하나만으로 이용되는 경우가 거의 없다. 콧물이 나면 콧물 멈추는 약 약간, 기침이 나면 기침 멈추는 약도 약간, 해열제도 약간⋯⋯ 이렇게 증상에 맞게 알맞은 양으로 종합약을 조제하듯, 어떤 특정한 목적에 맞게 여러 원소들이 일정한 비율로 섞이거나 합쳐져서 생활에 활용된다. 즉, 실제로 특정 용도에 활용되는 물질은 각종 화합물들이다. 예컨대 체조

선수들이 손에 묻히고 탁탁 터는 흰 가루는 탄산마그네슘이다. 송진이라고 잘못 알고 있는 경우가 많은데 헷갈리면 안 된다. 고무액은 송진처럼 나무에서 추출되는데, 여기에 황을 섞으면 끈적끈적함은 줄어들고 탄성은 좋아지는 신물질이 만들어진다. 화학자 찰스 굿이어가 발견했는데 그의 이름을 딴 타이어 브랜드도 있듯, 그가 고안한 발명품은 자동차 타이어를 비롯한 각종 고무 제품들에 폭넓게 응용되었다.

뭐 하나 중요하지 않은 원소가 있겠냐마는 독일 화학자 프리츠 하버(1868~1934)가 질소(N)를 활용해 비료 생산을 획기적으로 높인 사실을 빼먹으면 안 될 듯하다. 인류를 먹여 살리려면 곡물을 많이 생산해야 하는데 농작물 생산에 질소가 필수적이므로 생산성을 높이려면 질소를 반드시 땅에 공급해줘야 한다. 문제는 그 역할을 해주는 천연비료가 너무나 부족하다는 점이었다. 질소는 감자칩 과자 봉지 안에 풍부하게 들어 있는 원소다. 감자칩 과자라기보다는 질소 과자라고 하는 게 더 어울릴 정도로 빵빵하게 들어가 있다. 봉지를 뜯자마자 질소는 대기와 섞여버린다. 질소는 대기 중에 풍부하지만 질소만 따로 모아서 저장하는 건 사람 힘으로 되는 일이 아니었다. 공기 중의 질소를 암모니아(질소화합물)로 만드는 방법을 찾아낸 하버가 아니었다면 인류는 대기근이라는 끔찍한 재앙을 맞이했을 것이다. 하버는 자신의 과학 지식을 인류 복지에만 쓴 것은 아니었다. 그는 제1차 세계대전이 일어나자 독일군의 승리를 위해 독가스 같은 생화학 무기 개발에 매진했다.

원자력발전은 다른 발전 방식에 비해 에너지 효율이 매우 높아서, 그 위험성을 감수하고 세계 여러 나라에서 운영 중이다. 그 위험성이란 원자력발전에 사용된 물질의 독성이 인간에게 치명적인 영향을 끼칠 수 있다는 점이다. 이 물질이 안전한 상태가 되려면 수만 년에서 수십만 년의 시간이 필요한데 그 시간 동안 안전하게 관리해야 하는 부담이 함께 주어진다는 점이 우리에게 커다란 문제이기 때문이다. 핵폐기물 보관과 처리는 만만한 일이 아니다. 핀란드의 단단한 암반 지형 지하에는 핵폐기물을 몇만 년 동안 보관하기 위한 저장소가 건설 중이다.

폐기물만 문제인 것이 아니라 원자력발전소에 문제가 생기면 상황은 더 심각해진다. 1986년에 일어난 체르노빌 원전 사고는 사상 최악의 핵발전 재해다. 체르노빌 사고를 다룬 다큐멘터리나 영화 등을 보면 사람들이 요오드(아이오딘)액을 마시는 장면이 나오는데, 갑상샘을 방사능으로부터 보호하기 위해서였다. 독성이 없는 요오드를 포화량까지 미리 섭취해두면 방사성 물질인 독성 요오드가 몸에 들어와도 섭취될 자리가 없기 때문에 그대로 몸 밖으로 배출된다. 원소들을 치밀하게 분석하여 쓰임새에 딱 맞게 사용하는 인간의 지혜가 참 알뜰살뜰하다는 생각이 든다. 인류 역사는 원소들을 서로 결합하는 수많은 경우의 수가 펼쳐지는 경연장 같다.

철학자 존 스튜어트 밀은 《자유론》에서, 세계는 하나지만 세계에는 사람 수만큼의 세상들이 존재한다고 적었다. 세상사는 다양한 원리들이 저마다 다 필요하다는 다원주의 사상의 주창자답다. 저마다 다른 개인들이 원소라면 그 개인들을 아우르는 개념인 인간은 '원자'에 해당한다. 우리는 가정을 이루고 팀을 이루고 조직을 이루며 살아간다. 인간은 태생적으로 협업하는 존재라서 오로지 자기 혼자 힘으로 뭔가를 해나갈 수는 없다. 자신이 지닌 뚜렷한 특징이 조직에 도움이 될 때가 있는가 하면, 왜 그런지 자기도 모르지만 공동체에 도움이 되니까 굳이 이것저것 재지 않고 따지지도 않고 그냥 뭔가를 해야 할 때도 있다. "그냥 하는 거지 뭐"라는 우직하고 단순한 말 안에는 복잡미묘한 삶의 지혜가 깃들어 있다.

생명 원리

물질이 생명으로 바뀌는 기적

인간의 몸을 이루는 물질들은 별을 구성하는 요소와 똑같기에 인간은 어떤 면에서 '별의 부스러기'다. 부스러기라고 하면 너무 하찮아 보이니 '별에서 온 그대'라고 하자. 그런데 고물상에서는 우리 인간 몸의 재료들에 별로 높은 값을 쳐주지 않는다. 인체를 구성하는 원소들을 모아서 재료별로 저울에 달아 팔면 20만 원 정도 받을 수 있다고 한다. 물론 생명체가 아닌 물질로만 보았을 때 말이다. 예컨대 인간을 쥐어짜면 망간 12밀리그램이 나온다. 구성 물질로만 보면 일반 물체와 다를 바 없는데, 그 물질들이 어떻게 신비한 존재인 생명체가 되었을까? 이는 생물학이나 생화학을 연구하는 과학자들이 궁극적으로 풀고자 하는 신비다. 아무도 답을 모른다.

요즘 청소년들은 잘 모르겠지만, 예전에는 카세트테이프로 음악을 듣거나 영어 듣기 공부를 했던 시절이 있었다. 좋아하는 가수의 테이프는 늘어질 정도로 무수히 반복 재생하여 들었다. 카세트테이프는 단단한 플라스틱으로 돼 있고, 그 안에 가늘고 얇은 필름 형태의 테이프가 착착 감겨 있다. 그 테이프에는 노래 정보가 기록돼 있는데, 테이프에 정교하게 기록된 노래 정보를 유전자라고 해보자. 그러면 노래 정보가 기록된 테이프는 DNA에 해당하고, 그 테이프를 보호하는 카세트는 염색체에 해당한다. 좋아하는 가수의 1집부터 10집까지 카세트테이프 전체 한 세트를 게놈(유전체)이라고 한다. 이들이 생명 활동의 핵심을 담당하고 있다. 가장 규모가 작은 것부터 큰 것까지 '유전자-DNA-염색체-게놈' 순이다. 머리글자를 따서 '유-디-염-게'라고 외워두면 나중에 생물학 책을 읽을 때 헷갈리지 않고 좋다. 미국의 생물학자 제임스 왓슨과 프랜시스 크릭은 DNA 구조를 발견한 공로로 1962년에 노벨상을 받았는데, 실은 영국의 생물물리학자 로절린드 프랭클린(1920~1958)의 연구 자료를 미리 본 덕분이었다. 문현식 시인의 시집《팝콘 교실》에 〈비밀번호〉라는 작품이 실려 있다.

우리 집 비밀번호

□ □ □ □ □ □ □

누르는 소리로 알아요

□ □ □　□ □ □ □는 엄마

□ □　□ □ □　□ □는 아빠

□ □ □ □　□ □ □는 누나

할머니는

□　□　□　□

□　□　□

제일 천천히 눌러도

제일 빨리 나를 부르던

이제 기억으로만 남은 소리

보 고 싶　은

할 머　니

(문현식 지음, 〈비밀번호〉,《팝콘 교실》, 창비, 2015년, 66~67쪽)

현관문의 도어락 비번을 누르는 속도 패턴을 들으면 우리는 식구 중에 누가 왔는지 알 수 있다. 로절린드 프랭클린이 DNA 구조를 보기 위해 연구에 활용했던 X-선 회절분석이란 전자현미경으로도 안 보이는 미세한 물질 구조를 X-선의 회절 패턴을 활용해서 알아내는 방법이다. 회절은 파동이 물체에 부딪쳐 옆이나 뒤로 돌아가는 현상인데, 이때 물질의 구조마다 정해진 회절 패턴이 있어서 그 각도를 분석하면 물질이 어떤 구조로 이루어졌는지 알아낼 수 있다. 즉, 물질 성분을 알 수 있다. 도어락 누르는 패턴으로 문밖에 있는 사람을 알아낼 수 있는 것처럼 말이다.

2012년 어느 날이었던 것 같다. 집에 있던 아내가 겁에 질려서 출장 중이던 내게 한밤중에 긴급 전화를 한 적이 있다. 누가 자꾸만 도어락 비번을 계속 누르며 집에 들어오려고 한다는 것이었다. 수십 번 넘게 똑같은 침입 시도를 하던 '괴한'은 아래층 할머니로 밝혀졌다. 또 한번은 아래층 할머니가 곰국을 끓이다가 가스불을 안 끄고 주무시는 바람에 매캐한 연기가 우리 집까지 피어오른 적이 있었다. 내가 즉시 119에 신고하여 화재는 바로 진압되었고 할머니 생명도 구했다. 그해 겨울에 우리 부부 사이에서 새 생명도 태어났다.

생명체의 유전 정보를 담고 있는 DNA의 구조는 X-선 회절분석 덕분에 세상에 알려지게 되었다. 보이지 않는 구조를 보이지 않는 전자기파를 활용해 보이도록 만들다니 참으로 놀라운 기술이다. DNA 전체 영역에서 유전 정보를 담고 있는 부분을 뺀 97퍼센트 정도는 아직 그 쓰임새가 밝혀지지 않았다. 이 부분을 '정크 DNA'라고 부르는데 '정크'라는 말에서 언뜻 '허접쓰레기'가 연상되기도 하지만 그런 뜻은 아니고 '어디에 쓰이는지 도무지 알 수 없는' 정도 뜻에 가깝다고 한다. 우주 공간에서 우리가 정체를 밝히지 못한 대부분의 물질을 '암흑물질'이라고 부르는 것과 비슷하다.

우리는 일하거나 뭔가 배워나갈 때 항상 '양과 질'의 관계를 따진다. 양이 중요한 것 같기도 하고, 질이 중요한 것 같기도 하고, 둘 다 똑같이 중요한 것 같기도 하다. 뭐가 더 중요한지는 모르지만 분명한 건 양이 증가하는 도중에 문득 질적 발전이 이루어진다는 점이다. 어느 미술대학 조소과에서 교수가 1조에는 주어진 시간에 한 작품만 공들여 만들도록 했고, 2조에는 1조와 똑같이 주어진 시간에 되도록 많은 작품을 만들도록 했는데, 최종 결과물을 비교해보니 다작을 했던 조의 작품 질이 오히려 더 좋았다는 이야기가 있다. 시험공부를 할 때도 어떤 교재를 한 시간 동안 한 단어 한 단어 꼼

꼼하게 한 번 정독하는 것보다, 15분간 대강 훑어보며 네 번 반복하는 효과가 훨씬 좋다고 한다. 양이 질적 차이를 만든다.

1980년에 퓰리처상을 받은 《괴델, 에셔, 바흐》라는 책이 있다. 베스트셀러에 오를 정도로 많이 팔렸는데 너무나 어려운 책이라서 과연 얼마나 많이 읽혔는지는 모르겠다. 많은 독자들이 내용을 이해하지 못하거나 잘못 이해하는 사례가 많았던지, 저자 더글러스 호프스태터는 개정판을 내면서 서문에 이 책의 주제와 읽는 방법을 자세히 설명해주었다. 저자가 강조한 집필 의도가 뭐냐면, "물질이 어떻게 생명체로 도약했는지 알아보려는 사적인 시도"라고 한다. '무생물(물질)＝생물(생명)'이라는 모순 관계를 해명하기 위해, 저자는 "나는 지금 거짓말을 하고 있다"처럼 모순에 빠지기 쉬운 자기 언급 역설들을 비롯해, 여러 영역에 걸쳐 우리를 둘러싸고 있는 여러 다양한 역설들을 분석한다.

양(물질)의 증가가 질(생명)적 도약으로 이어지는 것은 자연의 오묘한 역설이다. 세상 모든 원소들은 양성자의 개수로 그 차이가 결정된다. 양성자는 수소 원자의 원자핵을 가리킨다. 양성자가 하나만 있으면 수소(원자번호 1번), 두 개 있으면 헬륨(원자번호 2번)이 된다. 똑같은 레고블록 두 개를 연결만 했을 뿐인데 새로운 종류의 블록이 되는 것이다. 비단 과학 영역에만 해당하는 것은 아니다. 우리는 언어를 배울 때 양의 누적이 어느 순간 질적인 도약으로 바뀐다는 점을 경험으로 알고 있다. 그냥 많이 여러 번 듣다 보면 어느 순간 입으로 그 문장이 튀어나온다. 한자 지식이 전혀 없는 꼬마 아이가 맥락에 맞게 고사성어 단어를 툭 내뱉는 것처럼 말이다. 언어 전반으로 확장해보면, 무의미한 단어들이 모여서 어떻게 의미를 지닌 문장이 될까 하는 문제로 연결된다. 생명체를 이루는 것은 단백질인데 단백질이라는 물질이 어느 과정에서 생명을 받아들이게 되는 걸까?

우리 몸에서 뭐 하나 중요하지 않은 요소가 없겠지만, 그중에서 가장 중요한 물질을 꼽자면 그 주인공은 단백질이다. 단백질 없이는 생명 활동이 불가능하다. 단백질은 아미노산이라는 분자가 합쳐져 만들어진 고분자 화합물이다. 고분자란 분자들이 엄청 많이 결합했다는 의미다. 약 10만 가지 단백질이 우리 신체 곳곳에서 활동하고 있다. 어디 하나 빠지는 데가 없다. 영어로 단백질을 프로틴protein이라고 하는데 '가장 중요하다'는 뜻을 지닌 그리스어 '프로테이오스'에서 온 말이다.

한자어인 단백질蛋白質은 알의 흰자 부분을 가리키기 위해 생긴 말이다. 헬스클럽에 다니는 근육질 아저씨들이 달걀흰자와 닭가슴살을 즐겨 먹는 게 단백질 때문이다. 소나 돼지의 내장들을 부속이라고도 하는데, 일본에서는 이를 '호루몬'이라고 부른다. 일본 고깃집 메뉴판에 '호루몬구이'가 보이면 곱창구이라고 보면 된다. 호루몬도 주로 단백질이다. 곱창 맛을 좋게 하는 건 단백질보다는 건강에 안 좋은 기름 덩어리인데, 그것을 알면서도 곱창을 끊기가 참 어렵다. '호루몬'과 발음이 비슷한 '호르몬'도 대부분 단백질이다.

당뇨병은 현대인에게 흔한 질병인데 호르몬의 일종인 인슐린이 부족한 사람들은 혈액 속의 포도당을 에너지원으로 활용할 수 없기 때문에 혈액 속에 혈당 수치가 치솟고 건강에 불균형이 생긴다. 인슐린도 단백질인데, 당뇨병 환자들은 주사로 인슐린을 몸에 주기적으로 투여해주어야 혈당 수치를 안정시킬 수 있다. 혈액 속의 주인공인 적혈구도 단백질이다. 제약회사에서 치료제를 만드는 대부분 활동이 이 단백질을 다루는 일이라고 봐도 된다. '효소enzyme'는 화학 반응을 촉진하는 단백질이다. 자기 맡은 역할이 뚜렷해서 100가지 화학 반응이 있다면 100가지 효소가 작동한다. 아랫목 이불 아래 넣어둔 빵 반죽을 부풀게 하는 것은 '효모yeast(미생물)'다. 헷갈리면 안 된다. '효소=원소=물질', '효모=어미 모=생물'이렇게 외우면 더 잘 기억될까.

DNA의 말뜻을 풀이하면 '산소가 빠져 있는 핵 속의 산성 물질'이라는 뜻이다. RNA는 DNA와 모양이 비슷하지만 산소가 포함돼 있어서 여러 반응이 활발하게 이루어진다. 앞서 DNA를 딱딱한 카세트테이프에 비유했는데, DNA에는 산소가 빠져서 반응이 적은 대신 안정적이다. 우리 몸이 산소와 만나면 뭔가 변화가 일어난다고 보면 된다. DNA는 모든 단백질의 설계를 담당하고, RNA는 단백질 공장(미토콘드리아)에 설계도를 전달하거나 재료를 운반하는 역할을 한다. DNA는 자신의 DNA 반쪽을 가지고서 나머지 반쪽을 만들어 붙여서 자신을 복제한다. 기존 DNA가 지퍼 열리듯 반으로 나뉘면, 주변에 퍼져 있는 재료들이 들러붙어서 나머지 반쪽들을 만들어 채우고 DNA는 두 배가 된다.

복제도 사람의 일이라(우리 의지와는 상관없이 작동하지만) 실수가 생긴다. 10억 회 중에 한 번꼴로 불량품이 생기는데 이렇게 잘못 복제된 세포가 암이 될 확률이 높다고 한다. 반면에 이렇게 원래 설계도에 맞지 않는 불량품이 거대한 시간의 흐름으로 보면 진화의 실마리가 된다. 기존 모습과 완벽히 일치한다면 진화도 없기 때문이다. 항구에 잘 정박된 배는 안전하고 아무 일도 일어나지 않는다.

그렇지만 그것이 배를 만든 목적은 아니다. 파도가 치는 바다로 나아가 위험에 맞서며 움직이고 일을 해야 뭔가를 해낼 수 있다. 고정된 원래 상태 그대로에서는 아무 변화도 일어나지 않는다.

'새옹지마塞翁之馬'는 아들이 말에서 떨어졌던 불운이 나중에는 전쟁터에 끌려가지 않은 행운이 되었다는 이야기에서 유래한 고사성어다. 수많은 발명을 했던 과학자 니콜라 테슬라는 에디슨과 동시대에 전류 송전 방식을 두고 경쟁했다. 현재 우리는 테슬라가 제안한 방식을 쓰고 있다. 테슬라의 자서전에는 테슬라의 아버지가 지인에게서 선물받았다는 말의 이야기가 나온다. 깊은 밤 숲에서 큰 부상을 입은 아버지가 이 말 덕분에 목숨을 구했다고 한다. 그러고 한참 지나 테슬라의 형이 이 말을 타다가 목숨을 잃었다. 인생사는 어찌 될지 모른다. 세상에 온전히 좋기만 한 일은 없다. 또 온전히 나쁘기만 한 일도 없는 것 같다. 인생은 그러하다, 쎄-라-비.

진화

살아남은 자가 강한 자라는 살벌한 실전 인생

영국 BBC에서 만든 인상적인 다큐멘터리가 있다. 제목이 'System'인데 KBS에서 한국어로 더빙하여 방영한 제목은 〈마술사 대런 브라운의 경마 적중 시스템〉이다. 마술사 대런 브라운이 프로그램 진행을 맡았다. 경마 1등을 맞히는 시스템이라니 진행자가 마술쇼를 선보이는 것 같기도 하지만, 방송을 보고 나면 그것이 철저한 통계에 의한 것임을 알게 된다. 수학자들이 참여하여 만든 우승마 적중 통계 시스템이 우승 확률 최고인 경주마를 알려준다. 테스트 참여자에게 경마가 시작되기 며칠 전에 우승 예상 경주마 번호가 통보되며, 참여자가 알아서 돈을 베팅하는 방식이다. 결과는 어떻게 됐을까? 놀랍게도 4회 연속으로 우승마를 맞힌 당첨자가 나

왔고 수천만 원대 당첨금을 벌었다. 카메라 조작 시비를 없애기 위해 제작진은 아예 참여자가 처음 번호를 통보받을 때부터 전 과정을 실시간 영상으로 기록했다. 경마 당일에 마권을 사는 모습과 우승마 적중 순간까지 말이다.

(주의: 결말을 포함한 강력한 스포가 포함돼 있습니다.) 4회 연속으로 우승마를 적중시킨 원리를 간략히 설명하면 이렇다. 경마 레이스에는 보통 다섯 개의 레인이 배정된다. 주최 측에서 신청자 625명에게 경주 며칠 전에 우승마 예측 번호를 알려주고 시험 삼아 돈을 조금 베팅해보라고 권한다. 1~125번까지는 1번마가 우승할 거라고 알려주고, 126~250번까지는 2번마가 우승할 거라고 알려주며, 마지막 그룹에는 5번이 우승할 거라고 알린다. 625번 참가자는 5번 경주마에 베팅을 하게 될 것이다. 그렇게 경주마 1번부터 5번까지 모두 할당하여 통보한다. 당첨자가 나올까? 5레인 중에 한 레인에서 우승이 나오므로, 625명 중에 125명이 우승마를 맞힐 수밖에 없다. 탈락한 500명에게는 시스템 오류로 테스트를 종료한다며 베팅한 돈을 보상해주었다.

이제 남은 125명이 2회 경마에 참여하게 된다. 이제 1~25번 참가자들에게 1번 경주마가 우승할 거라고 통보한다. 26~50번에게는 2번 경주마가 이길 거라고 통보한다. 그러면 이번 주에 2회 연속 당첨자들이 25명 나오게 된다. 그다음 주에 3회 연속 당첨자들은 5명이 나오게 되며, 4회 연속 당첨자는 1명이 나오게 된다. 그러니까 4회 연속으로 경주마를 맞힌 참여자는 처음부터 정해진 사람이 아니라 그냥 마지막에 결국 남게 되는 1명이었다. 그게 누가 될지는 마지막까지 아무도 모른다. 진행 과정 중에는 누가 승자인지 전혀 알 수 없고, 그저 마지막에 살아남은 자가 최종 승자인 것, 이것이 진화 원리다. 4회 연속 당첨자는 경우의 수라는 우연한 '선택'을 받은 것이다. 진화론에서는 이를 '자연 선택'이라고 부른다. 아참, 누가 마지막까지 남을지 모르는데 4회 연속 당첨자를 어떻게 처음부터 촬영할 수 있었을까? 1주차에 동원된 카메라맨이 625명이었다.

《자연의 체계Systema Naturae》를 집필한 스웨덴의 식물학자 칼 폰 린네(1707~1778)는 생물 분류학 체계를 세운 인물이다. 린네는 모든 종이 저마다 고유한 특성을 지녔다고 믿었다. 가령 인간과 침팬지는 원래부터 다른 종이라서 현재도 다른 것이다. 그렇다면 이런 견해는 어떨까. 인간과 침팬지는 공통 조상에서 갈라져 나온 다른 종이다. 이것이 다윈(1809~1882)의 생각이다. 진화론은 종교계의 극심한 반발을 일으켰다. 그것은 진화론이 종들 사이에 경계가 없음을 밝혔기 때문이다. 하느님이 종들에게 특성을 부여하여 조화롭게 창조했다면, 만물은 그 자체로 고유하고 완전할 것이며 변화 따위는 필요 없다. 진화론은 그런 뚜렷한 종들 사이의 경계를 부정하는 것이므로 결국 창조론을 부정하는 셈이다. 진화는 엄청나게 느리게 진행되므로 진화의 증거인 화석들을 분석하면 오랜 세월에 걸친 지구의 변화를 따질 수 있는데, 교회에서 설명하는 지구의 나이보다 훨씬 더 긴 시간이 필요하다. 여러모로 진화론은 교회에 커다란 위협이 되었다.

찰스 다윈의 할아버지인 에라스무스 다윈과 프랑스의 박물학자 장 바티스트 라마르크는 후대의 진화론에 영감과 토대를 부여한 선구자들이었다. 라마르크는 자주 사용하는 우리의 신체 기관은 점점 발달하는 반면 사용하지 않는 기능은 점점 퇴화하므로, 후천적으로 노력하여 개발한 신체적 특징이 후대로 전해져서 진화가 일어난다고 생각했다. 다윈은 다르게 생각했다. 후천적인 노력으로 개발한 능력이 유전되는 것이 아니라, 원래부터 선천적으로 다른 종류들 중에 생존에 적합한 종이 살아남는 거라고 보았다. 같은 생물종이라도 부리가 길게 태어난 개체가 있고 부리가 짧게 태어난 개체가 있는데 현재 처한 환경에 따라 둘 중 한 종이 살아남아서 자기와 똑같은 자손을 퍼뜨리는 것이다.

우리 호모 사피엔스와 한동안 지구에 공존했던 종족이 있다. 우리와 똑닮은 호모 네안데르탈렌시스, 일명 네안데르탈인이다. 독일의 네안데르 계곡에서 화석이 발견되어 붙여진 이름이다. 우리 호모 사피엔스는 네안데르탈인보다 뇌의 용량도 작고 덩치도 작았는데, 진화 경쟁에서 살아남은 것은 우리였다. 진화에서는 강한 자가 살아남는 것이 아니라 살아남은 자가 강한 자다. 고생물학자들이 분석한 생존 비결은 협업 본능과 언어 능력이라고 한다. 새로운 연구 성과에 따라 최신 정보로 갱신되는 중이니 관심을 갖고 뉴스를 살펴보자.

자연 선택 이론은 두 연구자의 공동 작품이다. 다윈은 앨프리드 러셀 월리스에게서 편지 한 통을 받았다. 그 편지에는 자신과 똑같은 구상을 하고 있는 월리스의 진화론 개요가 실려 있었다. 우연히 같은 생각을 품고 있었던 이 둘은 다행히 큰 갈등 없이 잘 협의하여 공동으로 논문을 발표했다. 이듬해에《종의 기원》이 출간되었을 때에도 월리스는 다윈을 지지하고 격려했다.

과학사에는 이렇게 비슷한 시기에 같은 연구 성과를 발표하는 사례들이 종종 있다. 뉴턴과 라이프니츠는 비슷한 시기에 미적분 이론을 창안했고, 켈빈과 클라우지우스는 같은 시기에 열역학 제2법칙을 발견했으며, 헬름홀츠와 줄James Joule은 같은 시기에 에너지 보존 법칙을 발견했다. 그것은 시대가 그런 사상을 내놓을 만큼 충분히 무르익었기 때문일 것이다. 아무리 좋은 아이디어도 시대의 선택을 받지 못하면 사장되기 쉽다. 뉴스를 보다 보면 '어, 저거 내가 옛날에 했던 생각인데!' 하는 순간들이 가끔 있다. 그때는 우리의 실천력과 능력이 미숙한 데다 시대도 무르익지 않았기에 실현되지 않았던 것을, 무르익은 시대에 실천력 높은 어떤 이가 실현한 것이다.

우리는 보통 아이들에게 결과보다는 과정이 중요하다고 가르치고 강조한다. 그렇지만 과정이 지향하는 방향대로 결과가 나오지 않는 경우가 너무 많다. 그러면 과정과 결과가 일치하는 경우는 무엇이고, 불일치하는 경우는 무엇인가. 그건 우리가 알 수 없는 일이고 우리가 어찌할 수 있는 일도 아니다. 우리가 할 수 있는 거라고는 현재 조건에서 주어진 일을 최선을 다해 실천하는 일뿐이다. 여러 시도들 중에 무엇이 최종 결과가 될지는 모르지만, 자명한 것은 그 결과가 딴 데 있는 것이 아니라, 시도한 과정들 중에 반드시 있다는 사실이다. 내가 경쟁의 최종 승자가 될지는 알 수 없지만, 적어도 레이스에 참여해야 자격이 주어진다. "진인사대천명(사람의 일을 다 하고 하늘의 뜻을 기다린다)"이 훌륭한 처세술인 것은 진화론이 알려주는 진실과 같다.

진화는 실행 오류에서 비롯되었다. DNA 설계대로 복제가 딱 이루어지지 않고 불량이 나면 그 불량품들 중 일부는 소멸하고 어떤 일부는 환경에 적응한다. 기존의 것과 조금 다른 특징을 지닌 돌연변이가 진화의 단초가 된다. "여러분은 어떻게 지금 그 자리에서 그 일을 하게 되었습니까?" 만일 누가 그런 질문을 한다면 여러분은 뭐라고 답하겠는가. 난 어쩌다 보니 그렇게 됐다고 대답할 것 같다. 어쩌다 보니 그렇게 된 것이다. 나름대로 열심히 살아왔고, 그렇게 어쩌다 보니 여기까지 왔다. 진화도 똑같다. 어쩌다 보니 그렇게 된 것이지 애초에 지금 이 모습을 목표로 삼았던 것은 아니다.

기도로 음식물이 넘어가면 죽을 수도 있는데 정교한 인간 신체가 이렇게 허술한 구석이 있다니 의아한 생각이 든다. 그렇지만 그건 진화를 거듭해온 어쩔 수 없는 결과다. 기존에 있던 것을 모두 폐기하고 새로운 기능을 장착하는 것이 아니라 기존 기관을 재사용하면서 일부를 개량 발전시키는 것이다. 그리스 신화에 '테세우스의 배'라는 이야기가 있다. 먼 옛날 테세우스가 타던 배가 후대에 조금씩 수리되면서 낡은 부속이 새것으로 교체된다. 처음과 배의 형태는 똑같지만 이제 완전히 새로운 부속으로 모두 교체되었다면 그 배는 테세우스의 배인가, 새로운 배인가? 우리 인생을 설명해주는 상징 같다. 나는 분명한 테세우스의 배라고 생각한다.

우리는 방금까지 누적된 과거의 나를 '일부 부정'하면서 발전하고 진화한다. 과거의 나도 나이고, 과거 모습을 일부 부정하는 나도 나이며, 새롭게 바뀐 나도 여전히 나다. '나도 이런 내가 싫다' 같은 생각이 떠오른다면 괜히 의기소침해질 필요가 없다. 그건 내 안의 돌연변이가 출현한 것이며, 앞으로 진행될 자기 진화 과정이 시작된 것이기 때문이다. 우리 자신이 못나 보일 때는 짧게 절망하고 길게 희망을 갖도록 하자.

기억의 메커니즘

인간 존재의 소멸은 사망이 아닌 망각

고레에다 히로카즈 감독이 만든 영화 〈원더풀 라이프〉는 사후 세계에 관한 이야기인데, 인생에서 가장 기억하고 싶은 한 장면에 대한 인터뷰로 시작된다. 감독은 일반인 500명에게 삶에서 행복했던 기억을 하나만 말해달라고 요청했고, 비록 배우는 아니었지만 인터뷰했던 사람들 일부가 나중에 영화에 그대로 출연하게 되었다. 이 영화는 '아름다운 기억 자체가 바로 천국'이라고 말하는 듯하다.

디즈니 영화 〈코코〉는 사후 세계의 영혼들이 이승으로 나들이를 온다는 멕시코 명절 '죽은 자의 날'을 모티프로 만들어졌다. 이들은 이승을 떠나는 순간부터를 죽음으로 보지 않고, 자기를 기억해주는 사람이 이승에서 모두 사라질 때 비로소 진짜 죽는 거라고 여긴다.

기억이 삶이요, 망각이 죽음이라는 건, 단순한 드라마적 표현만은 아닌 것 같다. 우리 존재가 모든 이에게 잊힌다면 그보다 더한 소멸이 어디 있겠는가. 우리가 기억하는 모든 것이 바로 우리 삶이다.

기억이 시작되고 유지되는 것은 뇌의 신비로운 작용이다. 기억 능력을 테스트하는 대회가 있다. 미국의 기억력 경진 대회가 가장 유명한데, 수십 자리에 달하는 무작위 숫자를 외운다든지, 마구 뒤섞은 카드 여러 벌의 순서를 외운다든지, 생전 처음 보는 사람 얼굴 사진들을 수백 장 보여주고 처음 듣는 진짜 이름과 연결한다든지…… 여러 종목에서 두루 우수한 성적을 낸 사람이 챔피언이 된다.

기억력 경진 대회를 오랫동안 취재했던 기자 조슈아 포어는 매년 새로운 챔피언들을 심층 인터뷰하면서 뭔가 동일한 패턴 같은 것을 알아챘다. 기억을 잘하는 공통 메커니즘이 있었던 것이다. 예컨대 시각화 기법을 잘 활용한다든지, 무작위 숫자를 일정한 규칙에 따라 문자로 변환한 다음 기억한다든지…… 하는 기억술 원리가 챔피언들마다 대동소이했다. 그는 이 내용을 잘 정리하여 출판 원고로 작성했다. 그러고는 출판사에 보내지 않고 서랍에 고이 넣어두었다. 그는 챔피언들이 입을 모아 강조하는 기법들을 열심히 실천하며 기억력을 훈련했다. 그는 2년 뒤 출전한 기억력 대회에서 우승을 차지했다. 서랍에 고이 보관된 원고는 보완 작업을 거쳐 출판사로 보내졌다.

조슈아 포어를 비롯하여 기억력 챔피언이 받게 되는 트로피에는 바다 동물 '해마' 모습이 새겨져 있다. 인간의 뇌를 이루는 여러 세부 기관 중에 해마는 주로 장기 기억을 담당하고 있는데, 그 모양이 바다 동물 해마를 닮아서 그렇게 이름이 붙여졌다. 뇌의 신경 세포들을 뉴런이라고 하고, 뉴런과 뉴런 사이를 연결하는 세포들을 글리아 세포라고 한다. '아스트로사이트astrocyte'란 글리아 세포가 있는데 혈관에서 뉴런으로 에너지원인 영양분을 공급하는 역할을 한다. 영양분이 제대로 공급되지 않으면 장기 기억이 활성화되지 않는다. 아침식사를 제대로 하고 등교한 학생들과 아침을 거르고 등교하는 학생들의 학업성취도를 비교해보면 확연하게 차이가 나는데 에너지 공급과 장기 기억력이 밀접할 거라는 추정이 확실히 입증된 셈이다.

뉴런들 사이에는 끊임없는 접속이 이루어지는데 이 접속부를 시냅스라고 부른다. 뉴런 하나에 대략 1만 개의 시냅스가 있는데, 뇌의 활성화 여부에 따라서 수가 늘기도 하고 줄기도 한다. 뉴런 자체의 수는 큰 변동이 없지만 시냅스 수는 수시로 역동적으로 변한다.

시냅스는 신경 세포인 뉴런의 접속부다. 수용체는 시냅스에서 화학 물질을 받아들이는 역할을 하는데, 수용체가 늘어날수록 다른 뉴런과의 접속 효율이 높아지고 기억 효율성도 함께 높아진다. 수용체가 늘어나서 신호 전달 효율이 높아진 상태를 장기강화長期強化, Long-term potentiation: LTP라고 한다. 장기강화는 비교적 일정 기간만 지속되는 E-LTP와 매우 오래 지속되는 L-LTP로 나뉜다. 세포 안에 단백질 형태로 기억을 보존한다는 점이 L-LTP의 뚜렷한 특징이다. 장기강화에 기여하는 가장 확실한 방법이 반복 학습, 즉 복습이라는 '당연한' 추측도 다시 한번 증명되었다.

즐거웠던 사건이나 슬펐던 사건은 굳이 기억하려고 하지 않아도 잘 기억된다. 이유가 뭘까? 감정을 수반하는 사건이 잘 기억되는 메커니즘이 뇌에서 작동하기 때문이다. 일주일간의 식단표는 잘 기억나지 않지만, 최고 요리 또는 최악의 음식은 잘 기억된다. 감각이나 감정 정보를 다루는 곳은 편도체다. 장기 기억을 주관하는 것은 해마인데, 해마로 정보가 보내지는 경로는 두 가지다. 하나는 감정 처리 중추인 편도체를 경유하는 경로이고, 다른 하나는 후주위 피질을 통한 경로다. 흥미로운 것은 후주위 피질 하나만 자극했을 때는 정보가 해마로 잘 이동하지 않지만, 편도체가 협력을 해주면 기억 정보가 해마로 잘 이동한다는 점이다. 즉, 기억 활동을 할 때 감정과 감각을 함께 활용하면 효율이 매우 높아진다.

기억을 오래 유지하기 위해 해마가 먼저 하는 작업은 수집된 데이터를 잘게 쪼개는 일이다. 과학 연구도 일단 대상을 쪼개는(분석) 일부터 시작한다. 항목별로 데이터를 쪼개서 같은 종류끼리 묶은(분류) 다음 여러 피질에 보낸다. 감정과 관련한 기억은 편도체로 보낸다. 한마디로 기억은, 뇌가 들어온 정보들을 잘게 쪼갠 다음 종류에 맞게 수납해두는 일이면서, 동시에 필요할 때 각각을 꺼내서 순간적으로 재구성하는 작업이다. 영상 편집 프로그램에서 완성본을 대략적으로 미리 보여주는 것을 렌더링rendering이라고 하는데, 기억을 떠올리는 것이 이와 비슷하다.

그리스 신화의 최고 신인 제우스와 기억의 신 므네모시네 사이에서 딸 아홉이 탄생했다. 이 아홉 딸들은 각기 시, 음악, 학술 등 인간의 예술 창작과 지적 활동을 관장하게 된다. 영어 단어 '뮤즈'가 이 아홉 자매 여신을 가리키는 말이고, '뮤지엄'은 이들이 거처하는 곳인 '무세이온'에서 따온 표현이다. 기억의 신 므네모시네와 전능한 신 제우스 사이에서 태어난 인간의 여러 지적인 활동들, 즉 글쓰기, 독서, 우리가 하는 과학 공부 등이 모두 기억의 산물인 셈이다. 기억력을 암기력이라는 좁은 영역으로만 보지 말고 더 넓은 범주로 넓혀보면, 어떤 상황에 동원할 수 있는 경우의 수를 많이 생각해내는 능력이 기억의 본질이라는 점을 알 수 있을 것이다.

기억이 필요한 이유 중에 하나는 상황 대처 능력에 도움을 준다는 점인데, 이는 방어운전에 비유할 수 있다. 방어운전이란 현재 상황을 기준으로 앞으로 펼쳐질 교통 상황을 다각적으로 판단하는 능력이다. 골목길에서는 아이들이 언제든 급작스럽게 도로에 출몰할 수 있음을 명심하면서 되도록 서행하고, 축구공이 튀어나왔을 때 곧이어 공 주인도 튀어나올 것임을 예상하며 3초간 정지 상태로 기다려주며, 중학생 자전거 부대가 횡단보도를 가로질러 쏜살같이 지나간다면 3초 뒤에 반드시 뒤처진 후발대가 황급히 지나간다는 점도 예상할 수 있는 능력. 상가 건물 지하주차장의 비좁은 입구로 진입하면서 올라오는 차가 있을 수 있음을 대비하고, 지하 1층 엘리베이터 입구에서는 차에서 내린 사람이 올라가는 엘리베이터를 잡아타려고 미친 듯이 뛰어갈 수 있으니 조심하는 주의력. 왜 그런지 모르지만 차선을 변경하려고 깜빡이만 켜면 갑자기 속력을 높여 돌진하는 차들이 있으니 "사물이 보이는 것보다 가까이 있음"을 주의하며 대처하는 능력. 앞차가 비틀거리면 졸음운전일 수 있으니 경적을 울려주는 배려 같은 것들 말이다.

이 모든 상황에 종합적으로 대처하는 능력은 한마디로 종합 기억력이다. 상황 대처는 미래의 일을 대비한다는 것인데, 그것은 지금까지 누적된 경험으로만 가능한 일이다. 《마음의 미래》에 나온 구절을 인용하자면, "기억의 목적은 미래를 시뮬레이션하는 것"이다. 우리는 살면서 기억력 경진 대회에 나갈 필요가 없다. 오히려 암기력과는 다른 기억력인 상황 대처 능력을 기를 필요가 있다. 그런 노력이 우리 삶을 매우 풍요롭게 만들어줄 것이다. 어른이 어린 이와 크게 다른 점은 똑같은 일을 하더라도 여러 가지 상황을 두루 고려한다는 점인데, 그런 점에서 어른의 기억력이 아이의 암기력보다 수준이 훨씬 높다. 낫다고 말하면서 왜 서글픈지 모르겠다.

인류 역사상 최악의 원전 재해인 체르노빌 원전 사고는 초기 대응 미흡을 비롯해, 국제 사회가 알지 못하도록 은폐한 소련 당국의 조치 등 여러 안일했던 대처들이 불행한 상승 작용을 일으켜 끔찍한 재앙으로 이어졌다. 체르노빌 원전 사고를 다룬 다큐멘터리나 영화를 보면 폭발한 원자로 잔해들을 치우러 삽자루 하나 들고 옥상에 투입된 인부들 모습이 나온다. 강력한 방사능 때문에 작업 기계들이 모두 작동을 멈추었기 때문에 사람이 투입됐다. 이들은 '바이오로봇'이라고 불렸다. 기계를 대신한 인간 로봇이라는 뜻이다. 이들은 무거운 납 조끼를 입고 1분도 채 안 되는 시간 동안 옥상의 잔해를 치운 다음, 그다음 작업자와 교대하는 방식으로 일을 했다. 1분간 노출되면 사망에 이르는 방사선의 위험성 때문이다. 강력한 감마선을 조금이라도 막아보고자 감마선이 통과되지 않는 납 조끼를 걸친 건인데, 이런 허술한 방법으로 그 위력을 막아내기는 어려웠다. 원자로 폭발 잔해를 치우기 위해 동원됐던 사람들은 그 후유증으로 다 죽었다.

과학책을 읽으며 '감마선'이란 단어를 보았을 때, 헐크만 떠올릴 것이 아니라 동시에 체르노빌의 바이오로봇도 떠올리면서 잠시 숙연한 마음을 갖는 것, 주유소에서 무연휘발유를 넣다가 어제보다 100원이나 오른 것만 기억하는 것이 아니라, 납 성분을 배출하는 유연휘발유의 위험성을 널리 알리고 결국 세상에서 퇴출시킴으로써 인류를 납 중독 위험에서 벗어나게 해준 물리학자 클레어 패터슨을 떠올리며 잠시 고마운 마음을 갖는 것, 그런 것이 어른의 기억력이다. 1905년이라는 연도에서 을사조약을 떠올리는 동시에, 아인슈타인이 중요한 논문들을 한꺼번에 발표한 기적의 해라는 사실도 함께 떠올릴 수 있다면 우리 인생에서 1905년은 더욱 다양한 의미를 지니게 될 것이다.

우리 뇌에는 거울뉴런이라는 신경세포가 있는데 타인의 행동을 보면서 어떤 감정을 느낄지 예측하는 역할을 한다. 쉽게 말해 빙판 길에 누가 꽈당 하고 뒤로 대차게 자빠지면 내 엉덩이가 다 얼얼한 데, 그것이 거울뉴런의 공감 기능이다. 우리가 어떤 행동, 어떤 생각, 어떤 말을 하게 되면 각각에 해당하는 뉴런이 활성화되는데, 자주 사용하지 않으면 연결이 끊기는 반면, 자주 사용하면 단단하게 연결되어 호출하기 쉬운 상태가 된다. 즉, 기억력이 높아진다. 우리는 흔히 기억이 '나의 뇌를 활용하는' 개인의 활동이라고 여기기 쉬운데, 실은 기억이라는 활동 대부분이 타인의 기억에 의존하고 있다는 점을 잊어선 안 된다. 타인과 교류하면서 우리는 공통 경험에 대한 기억을 무의식중에 조금씩 교정한다. 집단 전체의 구성원들과 더 많이 접촉할수록 원래 사건에 가까운, 업데이트된 기억을 얻게 된다. 공감대가 이루어진다는 말이 바로 그런 집단 기억의 다른 표현이다. 기억은 소통이며 관계의 산물이다. 바로 삶 자체다.

과학자들의 인생 특강

●

세종대왕님 모습이 담긴 만 원짜리 지폐를 뒤집어보자. 천체 관측 기구들이 보일 것이다. 과거의 천문학 기술을 상징하는 천문 관측기인 혼천의와 현대의 한국 천문학 기술을 상징하는 보현산천문대 망원경이 새겨져 있다. 보현산천문대 망원경은 영천시 시내에 떨어진 100원짜리 동전을 식별할 수 있는 능력을 지녔다. 세계적인 수준의 망원경과 비교하기는 어렵지만 첫술에 배부르랴! 보현산천문대 대장을 역임했던 전영범 박사는 인터뷰에서 이렇게 말한 적이 있다. "망원경을 열심히 들여다본다고 새로운 별을 찾을 확률이 함께 올라가진 않아요. 오히려 우연히 발견되는 경우가 많습니다. 하지만 관측을 하고 있어야 우연도 일어나는 거죠." 과학사를 살펴보면 우연한 과학적 발견이 무척 많다. 그렇지만 그것은 순전히 우연이 아니라 무수히 많은 필연적 노력과 시행착오가 쌓여서 만들어진 행운일 것이다.

우연처럼 보이는 과학적 발견들도 가만 들여다보면, 결국 언젠가는 오게 될 필연적 결과인 듯한 것들이 많다. 별똥별이 떨어질 때 소원을 빌면 이루어진다는 말이 있다. 1초 정도밖에 안 되는 그 짧은 시간에도 바로 떠올릴 수 있는, 그런 간절함이 있다면, 평소에 간절한 소원이 있다면 정말 이루어지지 않을까? 여러분은 언제 어디서든 항상 기억하고 있는 소망이 있는가? 벤젠의 분자 구조를 밝혀내려고 애썼던 독일 화학자 아우구스트 케쿨레는 1865년의 어느 날 꿈에서 자기 꼬리를 물고 있는 뱀 우로보로스의 둥그런 형상을 보았다. 그리고 다음 날 벤젠의 분자 구조를 알아냈다. 그가 분자 구조를 알아낸 것은 신의 계시라기보다, 평소에 오로지 거기에만 매달려서 숱한 가능성을 궁리해왔기 때문일 것이다.

뭔가 새로운 것을 배울 시간이 없다고 불평하는 이들에게 소개해줄 사람이 있다. 나중에 대학 교수가 되어 생계가 안정되기 전까지 알베르트 아인슈타인은 스위스 특허청 직원으로서 매일매일 자신에게 주어진 업무를 처리하면서, 틈틈이 메모를 하거나 퇴근하고 나서 심야에 연구 활동을 했다. 그러고는 다음 날 아침 일찍 출근하여 업무를 계속 보았다. 이 와중에 과학사에 길이 남을 빛나는 이론들을 창안했다. 1905년 한 해에만 '브라운 운동', '광전 효과', '특수 상대성 이론' 등 역사에 길이 남을 논문들을 발표했다. 그 결과, 과학사에서 1905년은 뉴턴이 위대한 과학적 발견들을 이

록한 1666년과 더불어 '기적의 해'라고 불린다.

아인슈타인의 명언이라면서 여기저기 인용되는 말들이 숱하게 많은데, 그중 상당수는 아인슈타인이 직접 말한 것이 아니라 누군가 그럴싸하게 만들어낸 가짜 인용문들이다. 뭐, 다 좋은 내용이라서 해롭지는 않지만 재인용은 조심해야 한다. 아인슈타인뿐 아니라 유명한 과학자들에게는 다 잘못 전해지는 명언들이 한두 개쯤 있기 마련이다. 의학의 선구자인 히포크라테스는 〈잠언록〉 첫머리에 "의술의 길은 먼데 인생은 짧기만 하다"라는 구절을 남겼다. 이 말이 각색되어 출처와 맥락은 오간 데 없이 사라지고 "인생은 짧고 예술은 길다"라는 격언이 돼버렸다. 과학자들은 우리에게 모든 것을 의심하라고 가르치며, 자기들 스스로 그 다짐을 실천한다. 과학적 태도란 한마디로 기존 지식을 의심하는 태도다. 경험적 지식의 중요성을 강조한 근대 철학자 프랜시스 베이컨은 이렇게 강조했다. "확신으로 시작하면 의심이 남고, 의심으로 시작하면 확신이 남는다."

여러분은 인생의 '좋은 시절'을 이야기하면서 어느 때를 떠올리는가. 과학사를 다룬 책들에서 언급되는 '좋은 시절들'에는 양자역학을 태동시킨 곳인 덴마크 코펜하겐 학파의 초창기 시절이 빠지지 않는다. 이 학파를 이끈 인물은 물리학자 닐스 보어였다. 온화한 성품을 갖춘 이 리더는 기존 멤버들을 잘 포용하면서도 새로운 멤버 영입에 개방적이었으며, 자유로운 토론을 무엇보다 중시했기에 자신 역시 비판의 대상이 되는 것을 마다하지 않았다.

프랑스의 수학자 페르마는 아마추어 수학자였으나 수학을 업으로 삼은 사람들을 포함하여 당대 수학자들 중에 최고였다. 페르마의 마지막 정리는 피타고라스 정리에서 제곱이 들어간 자리의 자릿수를 계속 높여갈 때에도 등식이 성립할 수 있는지 따져본 문제로서, 영국 수학자 앤드루 와일스가 증명하기 전까지 300년 넘게 미해결 난제로 남아 있었다. 300년 동안 많은 수학자들이 기꺼이 페르마의 마지막 정리 증명에 용감하게 뛰어들었던 것은, 훌륭한 성품의 소유자인 페르마가 책 여백에 적은 글귀 때문이었다. "내가 멋진 방법으로 증명하였으나 여백이 좁아 여기에 적지는 않는다." 페르마의 마지막 정리는 수학자 앤드루 와일스가 증명했는데, 페르마가 거짓말할 사람이 아니었다는 사실도 아울러 증명한 셈이 됐다.

세속적인 부와 화려함을 삶의 목적으로 추구하는 과학자는 없다. 그들은 지적 호기심이 선사하는 즐거움을 삶의 낙으로 삼기 때문이다. 제1회 노벨물리학상 수상자는 빌헬름 뢴트겐이다. X-선을 발견한 공로로 받았는데, 이 기술로 특허 신청을 했다면 상상하기도 어려운 어마어마한 재산을 모았을 것이다. 뢴트겐은 X-선 기술을 개인이 독점하는 건 바람직하지 않으며, 따라서 인류 복지와 자연 탐구를 위해 공유 자산으로 남겨둬야 한다고 생각했다.

외르스테드는 실험을 하다가 전기와 자기가 서로 연관돼 있다는 사실을 직감적으로 발견했다. 혼자 궁리해봐도 그 원인을 알 길이 없자, 그는 자신이 발견한 내용을 학회에 신속히 보고하고 동료 과학자들에게 도움을 청한다. 곧이어 프랑스 물리학자 앙드레 마리 앙페르가 전자기 현상에 대한 이론을 정리한다. 전자기학의 여명이 환하게 밝아왔다. 이렇게 협력하여 발전하는 모습이 협업의 본능을 지닌 우리 호모 사피엔스의 참다운 모습 같다.

회사에서 신입사원들이 저지르는 흔한 실수는, 혼자 해내려고 열심히 애만 쓰다가 아무것도 제대로 진행하지 못한 상태로 데드라인에 임박하여 '에라, 모르겠다' 하며 나가떨어진다는 점이다. 처음에 잘 안 될 때 동료에게 도와달라고 했으면 되는데 말이다. 이른바 자칭 완벽주의자들도 조직에 민폐를 끼치기는 매일반이다. 이들의 특징은 일단 시작을 안 한다는 점이다. 뭐, 그렇게 준비할 게 많은지. 게다가 성과를 독점하려고 철저히 비공개로 A부터 Z까지 혼자 계획을 세우다가 프로젝트의 취지와 맞지 않은 자신만의 걸작을 덜컥 우리 앞에 선보이고야 만다. 그 두 종류 인간 유형을 반면교사로 삼으면 된다. 정보 공유는 매우 중요하다. 인류는 좋은 점을 모방하고 퍼뜨리는 것을 귀신같이 잘 해내는 종이다.

자기의 힘으로 전기를 만들어냈던 마이클 패러데이는 어린 시절 어려운 가정 형편 때문에 정식 교육을 거의 받지 못했다. 그렇지만 숱한 현실의 악조건들도 자연 현상의 신비를 밝히고자 하는 그의 간절한 열망을 가로막지는 못했다. 과학자로서 최고 영예에 해당하는 영국왕립학회 회원이 된 다음에는 자신처럼 가난 때문에 과학을 접하지 못하는 어린이들을 크리스마스 무렵에 초대해 무료 과학 강연을 열었다. 영국왕립연구소는 패러데이의 정신을 이어받아 현재까지도 크리스마스 대중 강연을 이어가고 있다. 대중에게 과학 지식을 전달하는 것이 과학자의 본업은 아니지만, 대중 앞에 선 훌륭한 과학자들에게 어린이들은 커다란 영향을 받고, 그 어린이들이 나중에 훌륭한 과학자로 성장하며, 공동체는 그렇게 세대를 거듭하며 발전한다.

예술성과 대중성이 별개 영역이 아니듯, 순수 학문과 일상의 삶도 별개가 아니다. 교양 수학을 다룬 방송에 출연한 수학자들에게 진행자가 묻는다. "이 공식을 누구나 알기 쉽게 설명해주세요." 그러면 수학자들은 대답한다. "이것을 쉽게 설명하는 방법은 없습니다." 한마디로 쉽게 설명하는 것이 얼마나 어렵고도 위험한 일인지 우리도 물론 안다. 그렇지만 그 인터뷰 목적이 수학 지식이 별로 없는 일반인을 위한 것임을 떠올린다면 그건 적절한 답변이 될 수 없다. 교양 프로그램에서 하버드대 교수인 수학자 베리 마주르가 말하는 것을 몇 번 본 일이 있는데 그때마다 "한번 설명해보겠습니다"라고 시작하는 것이 인상적이었다. "타니야마-시무라 정리는 두 세계를 연결하는 다리입니다. 번역 사전이죠……." 이것이 더 좋은 태도 아닐까. 나는 베리 마주르 교수의 태도에 감명을 받았다. '나는 어려웠지만 당신에게는 쉽게', 이런 태도가 이 책을 쓰게 된 주요한 동기들 중 하나다.

영국 물리학자 폴 디랙이 《양자 이론》에 적었듯, 기존의 편견을 더 나은 뭔가로 대체하는 것이 과학의 방법이다. 대체된 더 나은 무엇 역시 또 다른 편견이었음을 나중에 알게 될지도 모른다. 그러면 다시 새로운 편견으로 대체하면 된다. 별자리와 점성술은 그 시대에 필요한 천문학 지식이었다. 정교하고 체계적인 프톨레마이오스의 천동설이 옛것을 대체했고 그 시대에 필요한 천문학 지식이 되었다. 그렇게 지식은 새로운 틀을 깨며 발전해왔다. 패러데이는 크리스마스 대중 강연을 마치며 촛불 비유를 들어 청중에게 당부했다. 촛불은 자신을 태워 주변을 밝히는데, 여러분도 촛불처럼 이웃을 위해 어둠을 조금 밝히는 이들이 돼달라고.

지식의 성장과 공동체 정신

아가들은 거울 속에 비친 상이 자기 모습이라는 점을 알지 못한다. 그러다가 어느 순간 자기 모습이라는 걸 깨닫는 인식의 도약 시점이 찾아온다. 인생을 조금 더 살아서 이제 어린이집에 다니고 있는 꼬마들 입장에서는 거울 속 자기 모습을 보며 고개를 갸우뚱거리는 어린 아가들 모습이 무척 귀여울 것이다. 어린이집 꼬마들은 숨바꼭질을 할 때 뒤돌아서 자기 두 손으로 얼굴을 가리고서는 다 숨었다고 여긴다. 인생 경험이 조금 더 쌓인 초등학생 형아들은 그 꼬마들이 무척 귀여울 것이다. 이 과정은 어쩌면 우리가 죽을 때까지 진행되는 것 같다. 우리가 예전 철없던 시절의 자기 모습을 떠올리며 멋쩍은 미소를 짓는 것처럼 말이다.

플라톤의 동굴 비유는 인문학 역사에서 가장 유명한 상징이다. 깊은 동굴 속에서 평생 온몸이 묶여 고개를 돌리지도 못하고 동굴 벽만 바라보며 살아온 사람에게는 동굴 벽에 비친 모습들이 세상의 전부다. 그러다가 사슬에서 풀려나 처음으로 뒤를 돌아보고 나서야 벽에 비친 형상들이 어떤 사물의 그림자였다는 사실을 깨닫게 된다. 깨달음을 얻은 자는 동굴 밖으로 기꺼이 힘들게 기어 올라간다. 동굴 밖 환한 눈부심에 쉽게 적응하지 못하지만 결국 들판을 뛰노는 '진짜' 생명체들을 보게 된다. 그런데 두 눈으로 진짜를 보고서도 그는 이제 의심하는 감각이 생겼다. 생생하게 움직이는 저것들 역시 진짜인 어떤 것을 본뜬 것 아닐까. 이렇게 인간은 미루어 짐작하는 능력을 진화시켜 왔다.

소크라테스는 이렇게 생각했다. 지금 내가 참다운 앎이라고 여기는 앎을 과연 참다운 앎이라고 단정할 수 있을까? 내가 과연 아는 것은 무엇인가? 인간은 앎을 소유할 수 없으며, 다만 영원히 지향하고 사랑할 수만 있는 것은 아닐까. 모름을 인정하게 되면 진리 앞에 겸손해진다. 지구가 우주의 중심이 아니라 태양계의 구성원들 중 하나라는 사실을 알고 나서 우리 인류는 조금 더 겸손해졌다. 현대 과학 문명이 아무리 찬란하다고 해도 우리가 만든 우주탐사

에필로그

선 보이저호는 이제 겨우 태양계 밖으로 조금 더 나갔을 뿐이다. 보이저호는 태양계를 벗어나기 전에 카메라 방향을 돌려 지구를 촬영했다. 칼 세이건이 나중에 '창백한 푸른 점'이라고 부른 사진 속의 1픽셀은 지구였다. 광막한 우주에서 지구는 보이지도 않는다. 까마득히 먼 우주가 아니더라도 지구 대기권을 벗어나 자기가 있던 지구를 멀찍이서 바라보았던 이들은, 지구로 돌아오면 대부분 환경보호론자가 되고 또 평화주의자가 된다고 한다.

우주를 구성하는 물질 대부분이 정체를 규정하기 어려운 '암흑물질'로 가득 차 있다는 점을 알고 나면, 자연스럽게 우리가 모르는 것에 대해 겸손해질 수밖에 없을 것이다. 물리학자 닐스 보어는 '전문가란 자신의 좁은 영역에서 가능한 모든 실수를 해본 사람'이라고 규정했다. 학자와 전문가란 우리가 어디까지 모르는지, 아직 모르는 게 얼마나 방대한지 누구보다 잘 아는 사람이다. 무엇을 모르는지 잘 알기 위해 우리는 이렇게 오늘도 공부를 하는 건지 모르겠다.

유명한 관광지에 다녀온 사람들이 공통적으로 찍는 사진이 있다. 원근감을 이용해 엄지와 검지로 에펠탑을 잡고 있거나 두 손으로 피사의 사탑을 떠받치고 있는 구도를 연출한다. 즉, 거리는 무시하고 눈에 보이는 대로 연출한 것이다. 동아시아의 고대인들은 음양의 조화가 우주 생성의 이치라고 보았는데, 달을 '음'의 상징으로 해를 '양'의 상징으로 보았다. 해와 달을 동등한 자격으로 다루었던 것은, 그 둘이 각기 낮과 밤을 밝히는 데다 눈으로 보기에 크기도 같았기 때문일 것이다. 실제로 어마어마한 차이가 나는 이 두 천체가 지구에서 같은 크기로 보이는 것은 신기한 우연이다.

음양오행설은 우주의 순환 원리를 인간의 삶과 조화시키려는 사상이다. 음양은 달과 해를 가리키고, 오행은 밤하늘의 움직이는 다섯 천체인 목/화/토/금/수, 즉 목성, 화성, 토성, 금성, 수성을 가리킨다. 고대인들의 눈에 보이는 행성이 이 다섯 개였다. 지구 저편의 고대 바빌로니아 사람들도 똑같은 것들을 보았다. 그들은 음양오행설 대신 이 다섯 행성에 해와 달을 추가하여 일주일 단위로 된 달력을 만들었다. 천문학자 요하네스 케플러는 우주 생성을 다룬 플라톤의 대화편에 나오는 정다면체에 주목했다. 정다면체는 정4면체, 정6면체, 정8면체, 정12면체, 정20면체 등 5개뿐이다. 케플러는 이 다섯 개 정다면체를 태양계 다섯 행성과 연관 지어 지구를 포함한 각 행성들의 궤도를 분석하려고 했다. 위대한 과학자들도 후대 관점에서 보면 이렇게나 무모한 시도들을 많이도 하곤 했다.

관측 장비와 기술이 발전하면서 태양계의 다른 행성들인 천왕성, 해왕성, 명왕성이 차례로 발견되었다. 1781년은 천문학 역사에서 매우 의미가 깊은 해다. 수천 년 동안 당연하게 여겼던 밤하늘의 다섯 행성 외에 다른 하나가 발견되었기 때문이다. 천왕성은 움직임이 매우 느리고 어둡기 때문에 그동안 아무도 태양계의 행성일 거라고 생각하지 못했다. 발견자인 윌리엄 허셜은 적외선의 존재를 발견한 과학자이기도 하다.

1846년의 해왕성 발견은 수학의 위력을 대중적으로 잘 보여준 흥미로운 사건이었다. 천왕성 발견 후에 천왕성의 궤도 운동을 정확히 계산하려는 시도가 이어졌는데 기존 조건들을 정확히 입력해도 아주 미세한 오차가 종종 발생했다. 천문학자들은 천왕성 궤도에 영향을 미치는 '미지의 천체'가 주변에 있다는 것을 가정했다. 그리고 새로운 조건으로 방정식을 새로 만들었다. 그다음에 그 미지의 천체가 있어야 할 자리를 확정한 뒤 그곳을 면밀히 관찰하였더니, 이제껏 보지 못했던 새로운 천체가 나타났다. 해왕성이었다. 아는 만큼 보이는 건 역시나 만고불변의 지혜였다.

1930년에 발견된 명왕성은 크기도 너무 작고 여러 조건을 두루 충족하지 못하여 현재 태양계 행성의 지위를 잃어버렸다. 로웰천문대 연구원이었던 클라이드 톰보가 명왕성을 발견했다. 공개

모집으로 '명왕성Pluto'이라는 새로운 이름이 붙여졌는데 줄여서 'PL'이라고 표기한다. 참고로 로웰천문대 설립자인 퍼시벌 로웰 Percival Lowell의 머리글자가 P와 L이다. 하나 더 참고로, 퍼시벌 로웰은《서유견문》을 지은 조선 개화기의 선비 유길준과 친구 사이였다. 그는 유길준의 미국 유학을 도왔다. 뉴호라이즌스호는 명왕성 탐사 임무를 부여받은 우주탐사선으로 2006년에 발사되어 2015년에 명왕성에 도착했다. 명왕성 곁에 다가온 호라이즌스호에는 명왕성 발견자인 클라이드 톰보의 유해 일부가 함께 타고 있었다. 선구자를 향한 천문학자들의 존경과 추모 방식이 깊은 감동을 준다.

당대의 지식이 미치는 우주관을 '코스모스'라고 부르는데, 우리의 코스모스는 확장되고 전환되면서 계속 발전해왔다. 우리가 아는 우주는 우리가 '현재' 아는 우주일 뿐이다. 허블 우주망원경의 시대가 되자 과학자들은 우주 탄생의 비밀을 다 밝힐 수 있을 거라는 자신감에 들떴다. 허블 망원경 성능의 100배를 자랑하는 제임스 웹 망원경을 우주로 보낸 2022년의 천문학자들의 자신감과 기대감도 허블 때와 비슷하지 않을까.

괴델이 증명한 수리논리 체계의 불완전성, 양자역학이 알려주는 소립자 세계의 불확정성 등 현대 과학을 규정짓는 특징은 한마디로 '불확실성'이다. 과학 공부는 알기 위해서가 아니라 모른다고 말하기 위해서 하는 거다. 확실한 것이 결국 아무것도 없음을 확인하는 과정이 과학 공부다. 학생이 모른다고 하는 말과 박사가 모른다고 하는 말은 맥락이 전혀 다르다. 학생의 모름은 호기심과 궁금함의 모름이지만, 박사의 모름은 인류가 아직 밝히지 못한 미지의 세계를 가리키는 모름이기 때문이다. "그건 아빠도 모르겠어." 그 말한마디를 아들에게 건네기 위해 인생의 여러 가지를 경험한다. 그숱한 것을 두루 경험했기에 모르겠다는 말을 웃으며 할 수 있는 것이다. 나보다 어린 세대에게 모른다는 말 한마디를 잘 하려고 먼 길을 돌아오는 게 인생 공부다.

과학 공부는 내게 알려주었다. 태양계 끝자락에서 보면 1픽셀밖에 안 되는 작고 푸른 이 행성이 우리의 집이라는 점, 우리 인류 호모 사피엔스는 서로 도우며 살도록 진화해왔고, 그러기에 우리도 공동체에 도움이 되는 일을 해야 한다는 점, 나는 그걸 따로 증명하려고 하지 않고 자명한 공리로 받아들인다. 내 삶의 모토는 바로 이 공리이며, 여기서 인생의 여러 명제와 정리들이 나왔다. 삶이 더욱 더 풍부하고 아름다워졌다.

내가 읽은 과학책 연대기

참고문헌 목록을 대신하여

1990년대 초반에 나는 영문과 학생이었는데 사학과 전공 과목인 '과학사'를 용감하게 수강했다가 C학점을 받았던 기억이 있다. 기대한 성적은 거두지 못했지만 돌아보면 그때 이리저리 기웃거리며 과학사를 뒤적였던 경험들이 나중에 과학 공부를 계속할 수 있게 한 작은 '불C'가 아니었나 싶다.

짧은 직장 생활을 마치고 30대 초반에 프리랜서 작가로 데뷔를 했을 무렵 전파과학사에서 나온 《과학사》를 읽었는데, 이번에 원고를 준비하며 여러 번 다시 읽었다. 공동 저자 중에 내게 C학점을 주신 교수님도 있다. 이 책의 여러 장점 중에서 특별한 한 가지를 꼽자면, 다른 과학 교양서에서 그다지 세심하게 신경을 쓰지 않는 고유 명칭에 각별한 주의를 기울였다는 점이다. 유클리드의 원래 이름이 에우클레이데스라는 점, 천동설 체계를 세운 인물 이름은 프톨레미가 아니라 프톨레마이오스라고 표기해야 한다는 점 등을 이 책을 읽으며 처음 배웠다.

2000년대 중반에 읽었던 과학사 책 중에 야콥 브로노프스키의 《인간 등정의 발자취》가 기억난다. 너무 오래되어 책장에선 사라졌지만 완독했을 때의 뿌듯했던 느낌이 아직 남아 있다. 제임스 매클렐란과 헤럴드 도른이 함께 지은《과학과 기술로 본 세계사 강의》역시 쉽고 유익한 훌륭한 입문서다. 제임스 트레필과 로버트 헤이즌이 함께 지은《과학의 열쇠Science Matters》는 기본적인 과학 법칙과 개념들을 설명해주는 책이다. 이 책의 원서 일부를 발췌하여 인문학 강독 수업을 한 적도 있다. 책이 좋아서 중학생 조카에게 개정판을 한 권 사서 보내주었다.

대학 시절부터 지금까지 가장 오랜 시간 동안 좋은 영향을 받은 책은 월간지《과학동아》다. 과학 이론이 어디까지 진전되었고, 응용과학 기술은 어디까지 실현됐는지 알려준다. 과학 기자들이 어려운 과학 개념을 일반 대중 독자에게 쉽게 가르쳐주는 점이 좋다.

인터넷으로 교양 과학 지식을 검색하다 보면 종착지는《과학동아》의 웹사이트인 '동아사이언스'인 경우가 많다. 정보 갈증을 해소해 주는 고마운 정보원이다. '동아사이언스'에는《과학동아》지면에다 싣지 못한 추가 정보들도 많아서 유익하다. '동아사이언스' 뉴스레터는 우리 사는 세계에 필요한 최신 과학 트렌드를 한눈에 보여준다. 꼭 구독하시기 바란다.

그 사람의 현재 모습을 잘 보여주는 것은 책장에 진열된 책들이 아니라 지금 책상에 누워 있는 책들이다. 책장의 책들이 막연한 이상향이라면, 책상 책꽂이에 꽂힌 책들은 현실적 목표를 의미하고, 책상에 누워 있는 책들은 현재 자기 모습이다. 예컨대 내 책장에는《맥스웰방정식 완벽해부》가 꽂혀 있는데 쉽다는 말에 속아서 산 책이다. 그럼에도 언젠가는 내용을 다 이해하고 싶다는 막연한 소망이 내겐 있다.

책상 위의 작은 책꽂이에는 뉴턴 하이라이트 시리즈가 30권 정도 나란히 꽂혀 있다. 같은 디자인의 다른 색깔 책 수십 권이 만드는 책등 패턴 무늬가 마치 빛의 스펙트럼 같아 예쁘다. 이 시리즈는 과학 지식 입문서로 더없이 훌륭하다. 필요한 항목을 한두 권씩 사다 보니 어느덧 서른 권 정도가 모였다. 이 시리즈를 처음 읽는 독

부록

자에게 한 권을 먼저 권하자면《모든 단위와 중요 법칙·원리집》편을 꼽겠다. 단위는 우리가 세상을 바라보는 방식이요, 삶의 수단이다. 과학이 우리 삶과 밀접하다는 사실을 깨닫게 해준다.

전 분야가 두루 좋은데, 수학 기초 개념을 잡을 때는《원리로 배우는 수학》,《지수·로그·벡터》,《삼각함수의 세계》같은 편이 큰 도움을 주었다. 왜 수학이 과학의 언어인지 알 수 있게 해준다. "사인함수를 미분하면 코사인함수가 된다"라는 명제를 이해할 수 있게 됐을 때가 참 기뻤다. 오르락내리락 주기적으로 움직이는 가장 단순한 그래프의 기울기를 구해보면, 똑같이 생겼는데 아래위로 대칭을 이루는 단순한 쌍둥이 그래프가 그려진다. 이 둘이 사인과 코사인이다. 서로 반대처럼 보이지만 실은 같은 본질을 간직한 그런 현상들이 이 세상엔 많이 있다. 삼각함수와 미분을 더 재미있게 배울 수 있도록 나를 이끌어준 책은《수학으로 배우는 파동의 법칙》이다.

누워 있는 책들은 그때그때 바뀌는데, 주로 신간들이 잠시 누워 있다가 곧 자기가 있어야 할 곳으로 자리를 뜬다. 책장에 있다가 책상 위로 가끔 마실을 오는 책들도 있다. 순서대로 읽어도 좋고 아무데나 펼쳐서 읽어도 좋은《Big Questions 118 원소: 사진으로 이해하는 원소의 모든 것》이 원소들의 관계를 정립하는 데 도움을 주었다. 재미있는 책인데, 양질의 사진 자료와 정성스럽고 멋진 편집이 책을 다시 펼치게 하는 매력으로 한몫하는 것 같다. 이 책도 조카에게 보내주었다. 양성자 수의 차이만으로 원소의 성질이 이렇게 천차만별로 달라지고 세상에 무수히 다양한 화합물로 쓰여진다는 점은 언제 생각해도 여전히 신비롭다. 피터 위더스의 《원소의 이름》은 역사와 언어에 관심이 많은 이들에게 권한다. 방대한 문헌들을 넘나드는 이야기가 판타지 영화를 보는 듯 신기하다.

　우리의 눈동자로 들어오는 빛은 망막에 바깥 풍경을 거꾸로 비춘다. 이것을 뇌가 필터링하면서 다시 거꾸로 만들기 때문에 우리는 풍경을 제대로 인식하게 된다. 이 원리를 우리 방에서 실험해볼 수 있다. 빛이 안 통하는 검정색 비닐로 문이란 문은 모조리 막아서 방을 캄캄하게 만든 다음 창문 쪽에 아주 작은 구멍 하나만 뚫으면 거기로 빛이 들어오는데 신기하게도 방 벽면에 바깥 풍경이 거꾸로 비친다. 바깥의 아래 풍경은 작은 구멍으로 곧장 들어와 벽면 천장에 상이 맺히고, 바깥의 위쪽 풍경은 작은 구멍으로 곧장 들어와 벽면 아래쪽에 상이 맺힌다. 무척 신기하고 재미있는 실험이지만 준비 과정이 그렇게 녹록한 게 아니라서 여러분에게 선뜻 권하진 못하겠다. 나를 포함해 직접 실험해본 사람들이 영상 자료를 인터넷에 공개해두었으니 한번 찾아보기 바란다.

《세상을 바꾼 위대한 과학실험 100》은 과학사의 위대한 실험들을 간추린 것인데, 이 중에는 우리가 직접 해볼 수 있는 간단한 실험도 있다. 창문을 검정 비닐로 모두 틀어막는 엄청난 모험을 안 해도 된다. 인터넷 문구점에서 파는 과학 키트를 하나 사서 초등학생 아들과 함께 토머스 영이 했던 이중슬릿 실험을 재연해보았다. 동봉된 면도날로 필름에 미세한 틈을 두 개 만든 다음, 불을 끄고 동봉된 레이저 포인터를 필름에 쏘면 어두운 벽에 붉은색 빛이 점점이 물결처럼 퍼진다. 빛이 입자라면 두 틈새를 통과한 입자들이 벽에 붉은 줄 두 개를 만들어야 하는데, 파동 성질을 지녔기 때문에 연못의 물결처럼 서로 부딪치면서 여러 줄의 잔물결들 무늬를 새로 만든다. 성인이 된 다음에는 처음 해본 과학 실험이라 설레면서도 재미있었다. 청소년 자녀가 있는 가정에서는 주말에 한번 해보시기 바란다.

전기 자동차 브랜드인 테슬라는 과학자이자 발명가인 '니콜라 테슬라'의 이름에서 따온 것이다. 테슬라의 자서전에 이런 대목이 있다. "나의 방법은 다르다. 곧바로 실제 작업으로 들어가지 않는다. 어떤 아이디어가 생기면 먼저 상상력으로 그것을 만들어본다. 그리고 구조를 변경하며 개선하고 마음속에서 그 장치를 작동시킨다. 이러한 장치를 테스트하는 장소가 실험실이든 아니면 내 머릿속이든 전혀 중요하지 않다. 작동 중 문제가 생기면 그 기록도 머릿속에서 한다. 결과는 아무런 차이도 없이 동일하다."(니콜라 테슬라 지음, 진선미 옮김,《테슬라 자서전》, 양문, 2019년, 17쪽)

실험은 과학에서 매우 중요한 도구인데, 그 실험이 반드시 보고 만질 수 있어야 하는 것은 아니다. 아인슈타인을 비롯한 여러 위대한 과학자들은 '사고 실험'이라는 도구를 즐겨 사용한다. '생각'이라는 거대한 실험 공간 안에서 '상상'이라는 무한한 만능 도구를 이용해 실험하는 것이다. 우리에게는 합리적인 이성이 있으므로, 조건들이 주어지면 상상의 실험들도 실제 물리적 실험과 동일하게 진행될 것이다. 간단한 것도 좋고 복잡한 것도 좋고 상상 속에서 이것저것 실험을 해보자.

공중에 매달린 원기둥을 상상해보자. 이 원기둥 아래쪽에서 빛을 쏘면 천장에 둥근 그림자가 생길 것이다. 원기둥 옆에서 빛을 쏘면 벽에는 사각형 그림자가 생길 것이다. 똑같은 원기둥을 보면서 둥글게 보인다고 말하는 것도 진실이고 각지게 보인다고 말하는 것도 진실이다. 진실은 진리의 한 측면이기 때문이다. 같은 대상을 바라보는데도 진실은 서로 다를 수 있다. 빛은 어떤 측면에서 보면 알갱이 같고, 어떤 측면에서 보면 출렁이는 파도 같다. 그래서 알갱이 속성을 강조할 때는 '광자'라고 일컫고, 파도의 속성을 강조할 때는 '전자기파'라고 부른다. 과학 공부는 자기 관점이 진실이라 해도 또 다른 진실이 있을 수 있음을 겸손하게 받아들이는 태도를 길러준다. 좋은 과학책들이 참 많다.

미치오 카쿠의 《마음의 미래》는 우리가 어디까지 왔는지 보여주는 책이다. 인류가 어느 수준의 기술을 갖고 있고, 무엇까지 할 수 있는지, 또 어떤 점을 고민해야 할지 뇌과학이라는 분야를 중심으로 일반 영역까지 확대하며 알려준다. 미래 전망이 많이 나와서 그런지 영감을 많이 준다. 저자는 방송에도 자주 출연하는데, 그래서인지 어려운 지식을 대중 눈높이에서 잘 설명해준다.

프랭크 윌첵의 《뷰티풀 퀘스천A Beautiful Questions》은 제목처럼 대칭 원리 같은 자연법칙의 아름다움을 보여주는 책이다. 책에 나온 재미있는 비유를 하나 소개하겠다. "하늘을 보면서 기어가는 개미는 구덩이에 빠지고, 땅 위의 세세한 지형에 신경 쓰며 날아가는 새는 절벽에 부딪친다." 이 말처럼 살면서 너무 정확성만 추구하면 안 되고, 너무 원대한 목표만 바라보아서도 안 될 것이다. 영화 〈행복한 사전〉의 원작 소설인 《배를 엮다》를 읽다가 덮고, 물리학 교양서인 《백미러 속의 우주The Universe in the Rearview Mirror》를 폈는데 방금 읽었던 구절과 내용이 똑닮은 구절을 발견했을 때의 그 우연한 일치가 짜릿한 즐거움을 주었다.

아라키: "자네는 '오른쪽'을 설명하라고 하면 어떻게 하겠나?"

마지메: "'펜이나 젓가락을 사용하는 손 쪽'이라고 하면 왼손잡이인 사람을 무시하는 게 되고, '심장이 없는 쪽'이라고 해도 심장이 우측에 있는 사람도 있다고 하더군요. '몸을 북으로 향했을 때 동쪽에 해당하는 쪽'이라고 설명하는 것이 무난하지 않을까요?"

(미우라 시온 지음, 권남희 옮김, 《배를 엮다》, 은행나무, 2013년, 26쪽)

비대칭도 매우 중요한 역할을 할 때가 있다. 사람의 심장은 가슴의 중앙이 아닌 왼쪽에 있고(오른쪽에 있는 사람도 가끔 있다), 앞으로 다가올 미래는 이미 지나간 과거와 화끈하게 다르다.

(데이브 골드버그 지음, 박병철 옮김, 《백미러 속의 우주》, 해나무, 2015년, 23쪽)

물론 이 우연한 일치가 어떤 의미를 갖는 건 아니다. 갈릴레이가 세상을 떠난 그해 겨울에 뉴턴이 태어났다는 사실에 뭔가 거창한 의미를 부여할 필요가 없는 것처럼, 우연은 그저 우연일 뿐인데 우연한 발견, 우연한 만남을 빼면 과학사를 서술하기가 무척 곤란해진다는 점도 참 묘한 역설이다. 과학사뿐이랴, 인생도 그렇다. 우연을 뺀 인생은 상상할 수도 없다.

《백미러 속의 우주》를 읽는 건 매우 즐거웠다. 호기심이 생겨서 영어 원서까지 주문했을 정도다. 아직 원서를 쭉쭉 읽어낼 만한 실력은 안 되고, 번역서를 읽다가 흥미로운 부분이 보이면 공부 삼아 원문 구절을 찾아서 대조해보는 정도지만 말이다. 한국어 번역이 좋아서 번역 공부에도 도움이 되었다. 카를로 로벨리의 《보이는 세상은 실재가 아니다》도 재미있고 유익했다. 우리가 진리라고 믿었던 세계관의 변화를 차근차근 보여주는 구성이다. 빛 연구자가 전자기파에 관한 지식이 별로 없는 일반 독자를 위해 쓴 에세이인

《빛의 핵심》(고재현 지음)은, 전자기파를 차근차근 알아갈수록 우리 사는 세상에 대한 이해도 깊어진다는 점을 알려준 등불 같은 책이다.

과학 공부를 처음 시작하는 독자들에게는 권하지 않지만, 과학 공부에 어느 정도 자신감이 붙은 요즘에는 《빛과 전자의 초대 Quantum》(김영훈 지음), 《상대성 이론》(차동우 지음) 같은 책들도 가까이 두고 틈나는 대로 읽는다. 모두 대학교 학부 과정 교재인데, 이해되지 않는 부분이 많지만 이해될 때까지 계속 읽어보려고 한다. 김영훈 교수의 책은 저자가 웹사이트에 공개한 글에 매료되어 구매했는데, 편집 오류가 교정되지 않아 아쉽지만 원고가 워낙 좋아서 별로 개의치 않는다.

일본 교토에 지인들과 여행을 갔을 때 어떤 현지인 할아버지한테 길 방향을 물어본 적이 있다. 우리가 일본어를 할 줄 모르기 때문에 이쪽 방향으로 가는 게 맞는지 손짓으로 대강 물어보았는데, 할아버지는 우리가 알아듣지도 못하는 말을 구수한 일본어로 구구절절 친절하게 설명해주었다. 결국 어느 쪽으로 가라는 건지 말라는 건지 알아내지 못한 채 정중한 작별 인사를 했다. 일본어를 알아듣지도 못하는 사람에게는 "저쪽 2시 방향으로 200미터쯤 가다가 버스정류장이 보이면 우회전하고……"라는 자세하고 친절한 설명 보다는, 손가락으로 방향만 가리켜주는 것이 더 유용할 것이다.

박홍균의 《세상에서 가장 쉬운 상대성 이론》이 유익했던 것은 물리학의 언어를 모르는 내게 손가락으로 먼저 올바른 방향을 알려주었기 때문이다. 이 책을 읽으며 상대성 이론에 대한 대략적인 개념을 그릴 수 있었다. 대강의 방향과 윤곽이 잡히고 나서 대학 교재인 차동우의 《상대성 이론》을 읽으니까 상승효과가 일어나서 이해되는 부분이 많았다. 차동우 교수 유튜브에 가면 좋은 강의 영상들이 어마어마하게 많다. 이런 양질의 강의를 무료로 마음껏 영상으로 보며 공부할 수 있다니 좋은 세상이다. 나는 넷스케이프 내비게이터 브라우저로 인터넷을 배웠고 1997년도에 처음 개인 홈페이지를 만들었는데 생각해보면 그때도 주변에서 그런 말을 많이 했다. 이 좋은 자료들을 실시간으로 바로 읽을 수 있다니, 세상 참 좋아졌다고. 2300년 전 알렉산드리아에 거대한 도서관이 지어졌을 때 사람들은 이렇게 말했을 것이다. 바다와 사막과 산을 건너온 이 방대한 파피루스들을 한곳에서 다 볼 수 있다니, 세상 참 좋아졌네.

팟캐스트 〈과학하고 앉아있네〉('격동 500년')도 큰 도움이 되었다. 누워서도, 눈을 감고서도 과학 공부를 할 수 있다! 마흔 살에 피겨

스케이트를 배운다면 그 목적은 김연아처럼 되기 위함이 아니라, 삶을 즐겁고 풍요롭게 살아가기 위함일 것이다. 과학 공부나 수학 공부도 그런 관점에서 접근하면 좋을 듯하다. 이른바 수포자였던 나는 마흔 무렵에 수학 공부에 강한 흥미를 느꼈다. 그렇다고 수학의 정석을 다시 꺼내봤다는 말은 아니고, 수학적 기호와 수식, 그리고 원리들의 의미를 하나씩 알아가는 것에 흥미와 즐거움을 느끼기 시작했다. 미분방정식 문제의 풀이법을 배우는 게 아니라, 미분이라는 수학적 방법의 의의, 즉 '변화율을 아는 것'이 우리 세계와 우리 삶을 잘 이해하는 한 방식이라는 점을 미분 공부를 통해 깨달았다.

나의 수학 공부 교과서는 케이스 데블린이 지은 《수학의 언어The Language of Mathematics》다. 여러 번 읽다가 원서도 샀다. 유지니아 쳉의 《무한을 넘어서》도 재미있다. 셀 수 없는 무한만 있는 게 아니라 셀 수 있는 무한도 있다는 점을 알았을 때, 지금까지 알았던 세상이 조금 달리 보였다. 그런 즐거운 순간들이 공부를 지속하는 계기가 되는 것 같다.

인지과학자인 더글러스 호프스태터의 《괴델, 에셔, 바흐》는 퓰리처상 수상작으로서 출간 당시 전 세계적인 베스트셀러에 올랐던 책이다. 난해함 그 자체인 이 책이 그렇게 많이 팔렸다는 게 무척 의아하다. 팔린 부수에 비해 안 읽힌 책 순위에 스티븐 호킹의 《시간의 역사》(샀지만 안 읽어봤음)가 늘 1, 2위를 다툰다고 하는데 이 책도 못지않을 것 같다. "물질이 어떻게 생명체가 될 수 있는지" 탐색하는 이 책 《괴델, 에셔, 바흐》의 세부 내용까지 이해하려면 괴델의 '불완전성 정리'를 먼저 이해해야 한다. 괴델은 완전무결한 논리 체계가 성립하는 것이 불가능하다는 점을 증명한 수학자다. 그 증명이 '불완전성 정리'다. 시중에 나온 책 중에 레베카 골드스타인이 지은 《불완전성: 쿠르트 괴델의 증명과 역설》이 그나마 이해하기가 쉬운 해설서인데, 좋은 책이지만 증명 과정에 대한 설명이 너무 간략한 점이 아쉬웠다. 관련 정보를 찾아보니 조금 더 상세히 알고자 하면 네이글과 뉴먼이 함께 지은 《괴델의 증명》을 읽어야 한다는 조언들이 많았다.

《괴델의 증명》은 작은 판형에 150쪽밖에 안 되는 분량의 책이지만 내 수준에서는 너무나 벅차고 어려웠다. 읽고 또 읽어도 이해가 되질 않았다. 그래서 한 번 더 읽었고, 또 읽었으며, 정리하면서 다시 읽고, 읽고 또 읽었다. 한 30번은 정독한 것 같다. 그냥 이해될 때까지 읽으마 했던 거라서, 굳이 세어보진 않았다. 난관을 돌파해내고 결국 원뜻을 온전히 파악했을 때 느꼈던 희열 때문인지, 이제는 몇 번을 읽어도 도무지 이해되지 않는 어려운 책을 만났을 때 좌절감 대신 설렘이 생긴다. '오, 어렵네, 다음에 다시 읽어봐야지.'

불완전성 정리를 증명하는 과정을 이해할 수 있게 된 순간도 무척 기뻤지만, 실패해도 다시 꾸준히 도전하는 내 모습을 확인하게 된 점이 무엇보다 기뻤다. 난제를 만났을 때 도전하고 버티는 인내심은 과학 공부가 내게 선사한 커다란 삶의 축복이다. 어려운 문제에 부닥칠 때마다 심호흡을 하고 조금씩 돌파해나간다.

지금까지 읽은 책들 내용을 풀어헤쳐서 주제별로 재구성해 거대한 과학책 한 권을 다시 만든다면 단연 '빛'에 관한 이야기, 즉 전자기파를 다룬 부분이 압도적으로 많은 분량을 차지할 것이다. 과학책 읽기는 빛에서 시작하여 여러 영역을 돌고 돌아 빛으로 다시 돌아오곤 했다. 그래서인지 책을 읽다가 빛과 전자기파가 등장하면 한 식구처럼 여겨지기도 했다.

과학책들 뒤로 단테의 《신곡》이 얼핏 보인다. 오랜만에 첫 장을 펼친다. "인생의 반고비에 나는 어두운 숲속에 있었다." 이 구절을 읽으며 생각한다. '인생의 반고비에 나는 어두운 전자기파들 속에 둘러싸여 있었지.'

부록

“위로는 희망과 용기의 절친한 벗입니다.
제가 보내는 과학의 위로는
지금까지 열심히 살아온 우리 자신을 향한 격려이자,
인간에 대한 믿음과 삶의 희망을 갖고
인생의 난관들에 용기 있게 맞서자는 독려이기도 해요.”

이강룡 드림